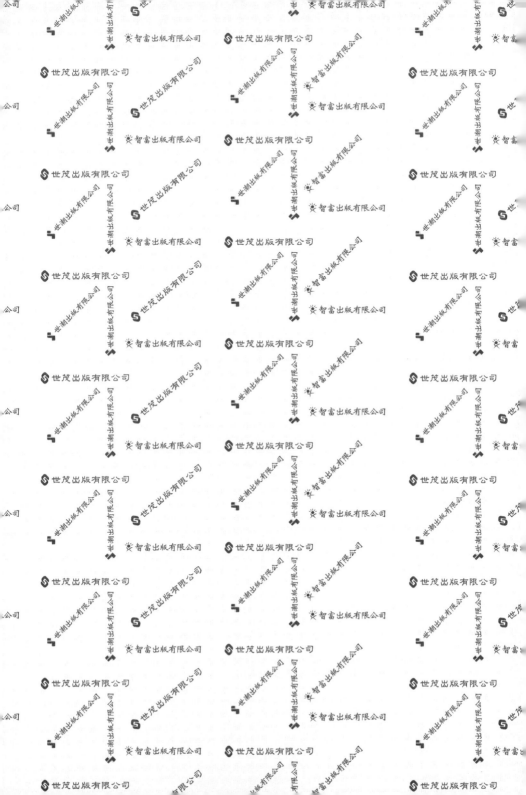

learn a technique by comics

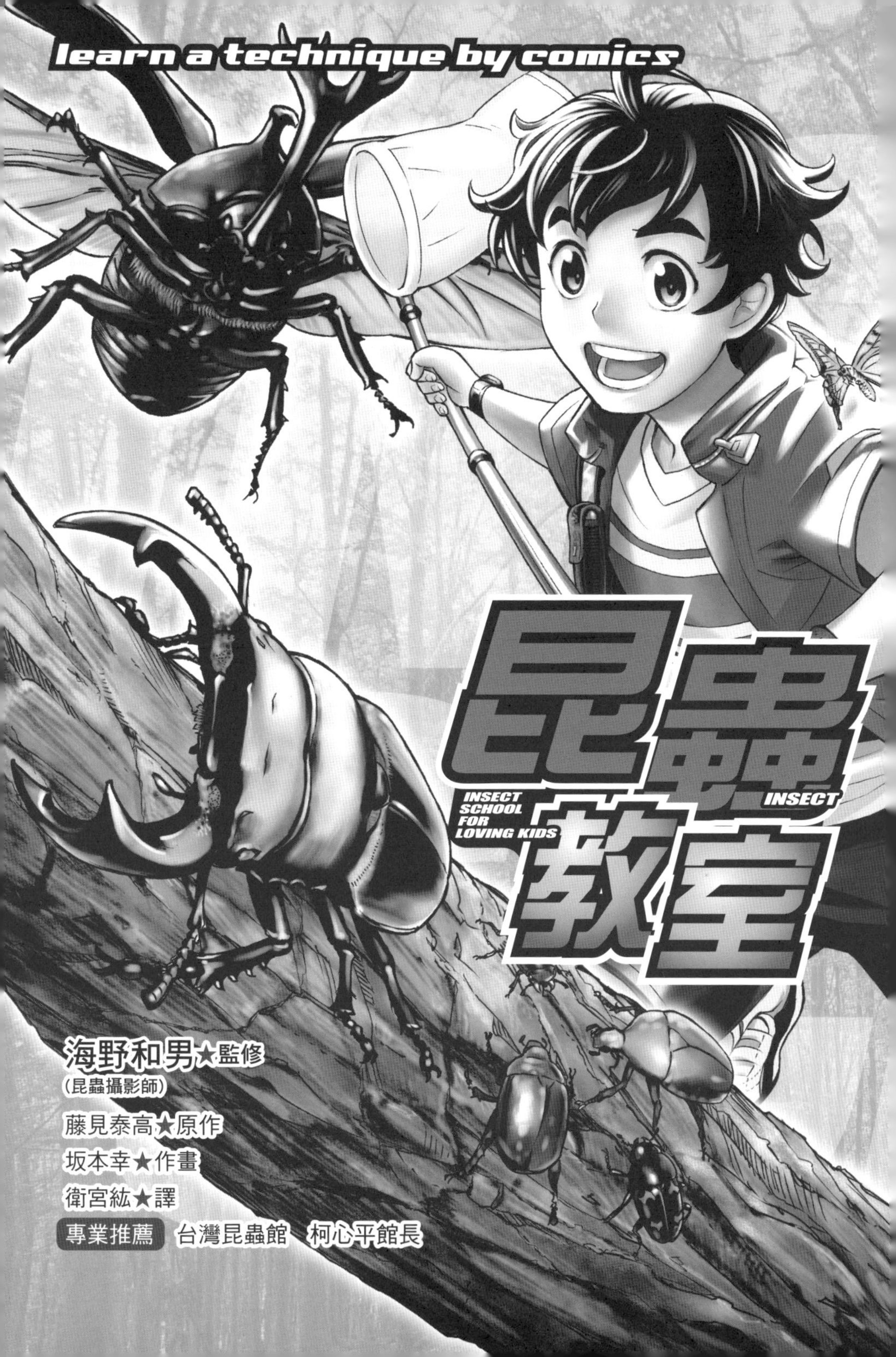

昆蟲教室

INSECT SCHOOL FOR LOVING KIDS

INSECT

海野和男★監修
(昆蟲攝影師)

藤見泰高★原作

坂本幸★作畫

衛宮紘★譯

專業推薦　台灣昆蟲館　柯心平館長

給各位讀者的話

昆蟲是地球上最為繁盛的生物，光是日本的昆蟲種類就超過3萬種，各有不同的生活型態與樣貌。昆蟲是最接近我們的野生生物，危險的※物種也不多，因而能夠捕捉、觸摸以及飼育。

我從小就非常喜歡昆蟲，現在也從事拍攝昆蟲的工作。多虧自己本來就親近昆蟲的緣故，現在每天都過得快樂又有意義。

觀察昆蟲會發現，不同昆蟲適合的生長環境、食物有所差異，了解到牠們的生活方式和我們非常不一樣。想要親近昆蟲的話，得先透過觀察、捕捉、飼養來熟習昆蟲的生態。閱讀本書中的漫畫故事，你會在不知不覺中吸收大自然與昆蟲的基本知識。

你的父親、母親、爺爺、奶奶小時候，或許也曾經採集過昆蟲呢。閱讀完本書後，可以和家人一起聊聊昆蟲的話題。如果家人忘記怎麼採集昆蟲，你或許可以當起小老師來教他們。飼養方式基本上沒有太大的變化，但有些作法已經跟以往不同。我自己本身也會想學習這些新的飼養方式。

二〇一六年六月　海野和男

※日文原文為「品種」，但中文中「品種」指經人工繁殖培育的動物，一般使用「物種」。

漫畫部分

跟著海野老師學習怎麼在公園、雜樹林或者山林裡尋找採集昆蟲，接觸各種昆蟲的飼養方式與標本的製作方式吧。

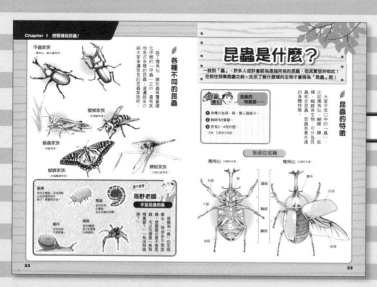

解說部分

這部分會進一步解說昆蟲採集、飼養的方式。看著照片、插圖學習昆蟲採集的訣竅，讀者更能確實掌握採集時需要的知識。

目錄

給各位讀者的話 ……2

Chapter 1 ## 想要捕捉昆蟲！
漫畫 ……8
解說　什麼是昆蟲？ ……22

Chapter 2 ## 捕捉附近的昆蟲吧！
漫畫 ……28
解說　前往公園、雜樹林 ……48

Chapter 3 ## 嘗試飼養昆蟲！
漫畫 ……54
解說　學習飼養昆蟲的基本知識 ……74

Chapter 4 ## 捕捉獨角仙、鍬形蟲！
漫畫 ……82
解說　前往山林捕捉昆蟲 ……106

Chapter 5 ## 飼養獨角仙、鍬形蟲！

漫畫 ……116

解說 飼養獨角仙、鍬形蟲 ……132

嘗試觀察昆蟲的產卵！ ……136

Chapter 6 ## 從卵開始飼養蝴蝶

漫畫 ……142

解說 觀察昆蟲的一生 ……158

Chapter 7 ## 製作標本！

漫畫 ……164

解說 標本的製作方式 ……178

Chapter 8 ## 採集昆蟲真有趣！

漫畫 ……186

日本常見昆蟲資料一覽 ……205

結尾 ……206

非常喜歡獨角仙，但才剛開
始接觸昆蟲採集的小學五年
級生。常跟湖海、大海分享
昆蟲的事情。

御笠 青空

先島 湖海

青空的同學。比起獨角仙、
鍬形蟲，更喜歡美麗的蝴蝶。

先島 大海

湖海的弟弟。剛開始對昆蟲
產生興趣的小學三年級生。

海野老師

昆蟲攝影師。非常了解昆蟲
採集及飼養方式，熱心與偶
然相遇的青空等人分享許
多知識。

6

Chapter 1

想要捕捉昆蟲！

東京都的某河邊草地

※楊柳科落葉樹，生長於水邊。

※杞柳樹

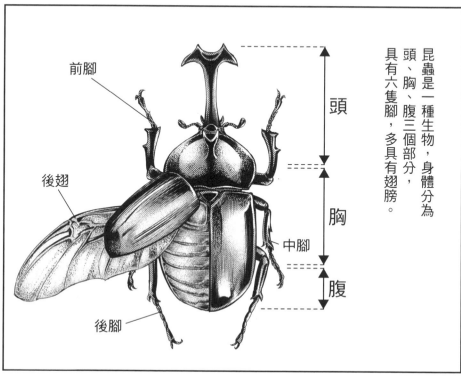

昆蟲是一種生物，身體分為頭、胸、腹三個部分，具有六隻腳，多具有翅膀。

前腳

後翅

後腳

中腳

頭

胸

腹

10

根據我在學校圖書館的調查，

獨角仙會出現在這樣的地方喔！

但是，姊姊，這個也很厲害啊。

我第一次看到昆蟲這樣聚集在樹上。

金龜子

採集難易度★
聚集於樹汁的甲蟲。
停於樹幹時可徒手採集。

大紅斑出尾蟲

採集難易度★
聚集於樹汁的甲蟲。
背部具有四塊
星狀紅斑。

這種小小黑黑
的蟲子，我是
第一次看到，
這叫做什麼昆
蟲啊？

會嗎？

不就像是聚集
在戶外燈光的
蟲子，有什麼
好稀奇的？

12

湖海！你的弟弟真有眼光。

這個感覺正是昆蟲採集有趣的地方！

……遇到自己不知道的昆蟲

我先拍下來，回去再一起查看看吧。

啪嚓！

好！繼續找下一顆樹喔！一定要捉到獨角仙喔！

喔——!!

好臭。我不想再聞樹汁的怪味道了……

要捉昆蟲的話

嗯

翩翩

飛舞……

你看、你看！鳳蝶耶！

好漂亮！青空，捉那隻啦！！

唉——我們是來捉獨角仙的喔！

我都花360日圓坐電車跟你們來了，

幫我捉一隻鳳蝶有什麼關係嘛！

真是的……就一隻而已喔。

14

鳳蝶

採集難易度★★
翅面上有大塊
華麗斑紋的蝴蝶。
居家、公園附近也有牠們
的蹤影。

別跑、別跑！

翩翩飛舞

左揮右揮

左揮右揮

翩翩飛舞

搖揮！

慢慢接近～

嘿！

青空，加油唷～！

奇怪？

呼嚕

呼嚕

16

18

好厲害唷！

青空明明那麼努力都捉不到的說。

奮力前衝

蝴蝶這種小角色我也能捉到！

……鳴鳴

可惡！

可惡！

呼嘯

呼嘯

網子壞掉了嗎？

啊——這隻捕蟲網

我才剛買不久而已……

讓叔叔看看，我幫你修好它。

燦笑！

這是我們三人和海野老師第一次的相遇。

昆蟲是什麼？

一說到「蟲」，許多人或許會認為是指所有的昆蟲，但其實並非如此！
在前往採集昆蟲之前，先來了解什麼樣的生物才會稱為「昆蟲」吧！

昆蟲筆記

昆蟲的特徵是……

❶ 身體分為頭、胸、腹三個部分。

❷ 胸部有6隻腳。

❸ 長有2～4枚的翅。

（衣魚、石蚋等沒有翅）

昆蟲的特徵

大家平常口中的「蟲」，比如獨角仙、蝴蝶、蟬、鼠婦、蜘蛛等生物，可分為昆蟲和非昆蟲。昆蟲有著共通的身體特徵。

各部位名稱

獨角仙（從腹部來看）　　　獨角仙（從背部來看）

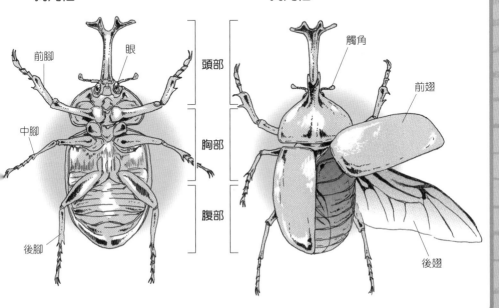

眼　前腳　中腳　後腳

頭部　胸部　腹部

觸角　前翅　後翅

22

各種不同的昆蟲

除了獨角仙、鍬形蟲等覆蓋硬化甲殼的「甲蟲」之外，還有其他各式各樣的昆蟲。這邊就來介紹大家身邊常見的昆蟲家族吧。

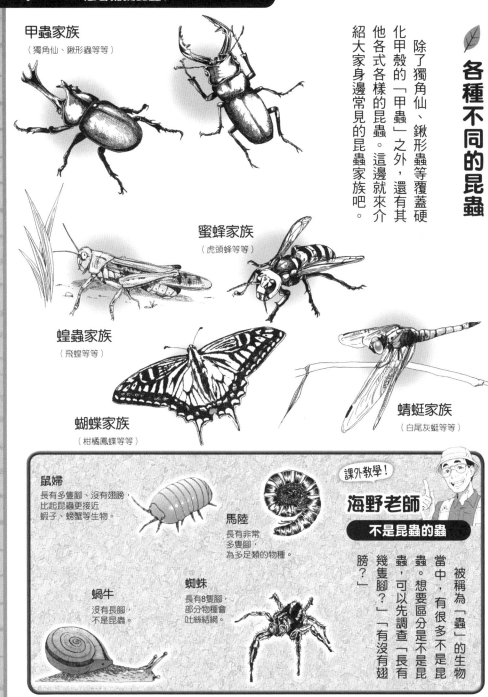

甲蟲家族
（獨角仙、鍬形蟲等等）

蜜蜂家族
（虎頭蜂等等）

蝗蟲家族
（飛蝗等等）

蝴蝶家族
（柑橘鳳蝶等等）

蜻蜓家族
（白尾灰蜓等等）

課外教學！

海野老師

不是昆蟲的蟲

被稱為「蟲」的生物當中，有很多不是昆蟲。想要區分是不是昆蟲，可以先調查「長有幾隻腳？」「有沒有翅膀？」

鼠婦
長有多隻腳、沒有翅膀，比起昆蟲更接近蝦子、螃蟹等生物。

馬陸
長有非常多隻腳，為多足類的物種。

蝸牛
沒有長腳，不是昆蟲。

蜘蛛
長有8隻腳，部分物種會吐絲結網。

昆蟲的成長

昆蟲的身體覆蓋著表皮。表皮隨著成長重新長出，捨去老舊表皮的過程稱為「蛻皮」。昆蟲從卵孵化後反覆蛻皮成長的過程，稱為「變態」，分為成長過程轉為蟲蛹的「完全變態」，與沒有轉為蟲蛹、直接蛻皮成長的「不完全變態」兩種。不同種類的昆蟲，會有不一樣的成長過程。

完全變態昆蟲的成長過程（柑橘鳳蝶）

卵 → 幼蟲 → 蛹 → 成蟲

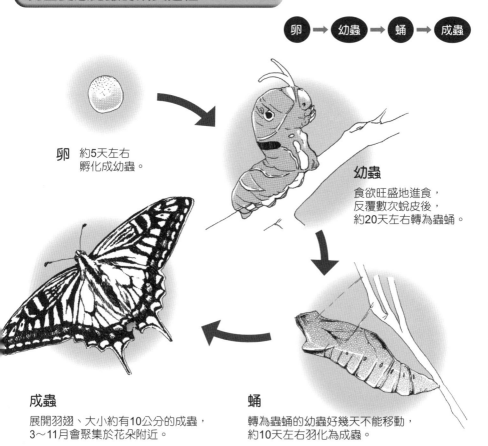

卵 約5天左右孵化成幼蟲。

幼蟲 食欲旺盛地進食，反覆數次蛻皮後，約20天左右轉為蟲蛹。

蛹 轉為蟲蛹的幼蟲好幾天不能移動，約10天左右羽化為成蟲。

成蟲 展開羽翅、大小約有10公分的成蟲，3～11月會聚集於花朵附近。

不完全變態昆蟲的成長過程（鉤紋春蜓）

卵 ➡ 幼蟲 ➡ 成蟲

卵　約1週左右孵化成
　　稱為水蠆的幼蟲。

幼蟲（水蠆）

反覆數次蛻皮，
逐漸長成大隻的水蠆。

成蟲

經過3年以上長為成蟲。
展開羽翅、體長約有6公分，
5～8月會出沒於溪水邊。

完全變態的昆蟲　獨角仙（照片左）、蝴蝶（照片右）
鍬形蟲、蒼蠅等等。

課外教學！

海野老師

完全變態與不完全變態

不完全變態的昆蟲　蜻蜓（照片左）、蟬（照片右）、
螳螂、蟋蟀等等。

生物長得愈快，愈不用擔心遭受敵人攻擊。雖然完全變態的昆蟲會比不完全變態的昆蟲更快長為成蟲，但在蟲蛹期間無法移動，容易遭受其他生物捕食。兩者各有其優點和缺點。

課外教學！

海野老師

昆蟲採集的季節

瞭解昆蟲的習性後，就能整年享受昆蟲採集的樂趣。首先，先試試居家附近的公園吧。

春 昆蟲們開始活動起來的季節

▶蜜蜂

溫暖的春天是昆蟲們開始活躍的季節，在花田裡可以發現蝴蝶的蹤影，在蚜蟲出現的地方也可以捉到瓢蟲。

夏 昆蟲們繁殖的季節

▶青鳳蝶

夏天是繁殖後代的重要季節，昆蟲的種類與數量會比春天多出好幾倍。在公園的樹木上可以發現蟬的蹤影，在雜樹林中可以捉到獨角仙、鍬形蟲等等。

秋 昆蟲們在夜晚大合唱的季節

▶日本紫灰蝶

為度過嚴冬，大量進食、產卵的季節。在河川邊可以發現蜻蜓的蹤影，在草地、公園可以捉到蝗蟲、螳螂等等。

冬 昆蟲們等待溫暖春天到來的季節

▶七星瓢蟲

昆蟲也難敵冬天的嚴寒，螳螂等昆蟲會以卵的型態來越冬。在日照良好的面南樹木，其樹皮、落葉堆裡可發現瓢蟲等昆蟲群聚。

Chapter 2

捕捉附近的昆蟲吧！

低頭！

非……
非常謝謝您。

這是用力扣到地面才折斷的，我待會幫你修好吧。

？

來，你看一下

……

伸進！

若是沒有注意揮網子的方式，難得蝴蝶漂亮的翅膀，就會被網子擦傷，變得有些缺損。

……是我的錯……對不起。

……啊啊……

……好可憐……

嗯！

沒事的，牠還能飛。我們放生牠吧？

揮翅

啪！

翩翩起舞

嗯，這樣就修好了喔。

纏繞

纏繞

你應該還不太會用網子吧，

建議你用竹竿捕蟲網會比較好。

咦——為什麼!?

竹竿捕蟲網感覺舊舊的，看起來好遜喔～

破爛!

但是，竹竿做成的比塑膠做成的網子更不容易弄壞。

在你能夠自由地使用網子之前，我建議先用竹竿做的會比較好。

好厲害！剛剛
青空追著跑
都捉不到！

叔叔
完全沒有動
就捉到了！

哈哈哈⋯⋯⋯

叔叔
好厲害！

要怎麼做
才能像那樣
捉到蝴蝶？

追逐昆蟲
追個十幾年，
自然就會熟練了。

我叫做海野和男，
從事昆蟲
攝影的工作。

⋯⋯⋯

老師！請你教我捉昆蟲的方法！

鞠躬！

只要是我知道的方法，我很樂意。

首先，你要了解昆蟲的習性。

昆蟲的習性？

你觀察一下在那邊飛的蜻蜓。

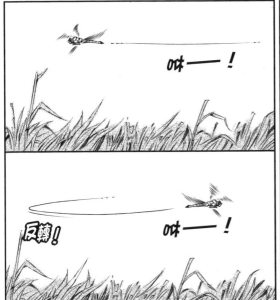

咻——！

咻——！

反轉！

只要靜下來等待，蜻蜓就會飛回原來的位置。

所以，你不需要追著牠跑，只要看準時機揮網就行了。

蝴蝶也一樣，即便沒捉到，只要知道牠喜歡哪種花朵，牠自己就會飛過來。

嘿～

在練習揮捕蟲網時，注意不要碰到地面。

總之，只要知道昆蟲的習性，即便失敗，也能夠再度挑戰。

好的！

瓢蟲

（七星瓢蟲、
異色瓢蟲等等）
採集難易度★
可於蚜蟲聚集的
樹芽發現。

無霸鉤蜓

採集難易度★★★
能夠高速移動，
是日本最大的晏蜓。

鳳蝶

（黃鳳蝶等等）
採集難易度★★
翅面上有大塊美麗斑紋的蝴蝶。
需要熟習採集方式
才容易捕捉成功。

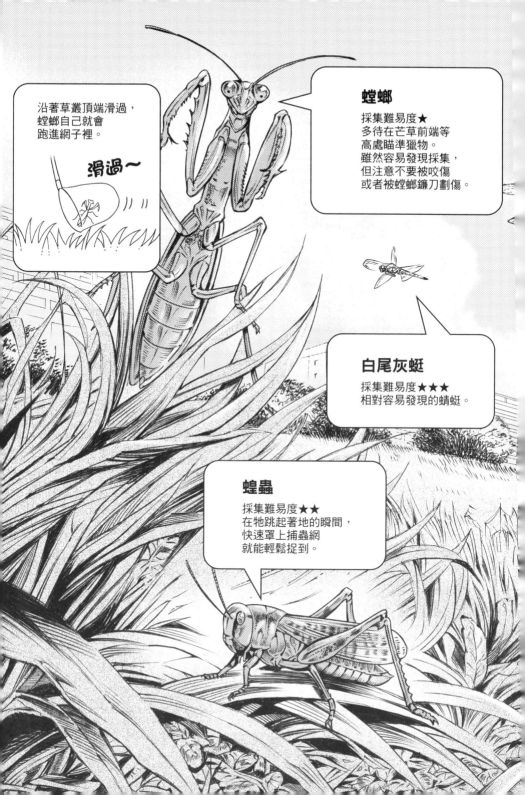

這次捉到好多喔～～！

你們沒辦法養這麼多昆蟲吧？

要不要放生不好飼養的蜻蜓、蝴蝶？

多虧老師的指導，才有辦法捉到這麼多。

非常謝謝老師！

之後再來這裡，就能見到嘛！

我知道了！

……這樣啊

沙

OP0T OP0T OP0T

若是想要知道更詳細的事情，歡迎來我的事務所玩。

唉！可以嗎？

海野 知男 KAZUO UNNO

遞出

你們可以詢問大人，或者翻書本找資料。

不過，這些昆蟲要怎麼養才好？

但是……
沒有捉到
獨角仙……

你們原本
是想捉
獨角仙啊？

……
嗯。

獨角仙到底
在什麼地方
啊～～

雖然這邊
不是沒有……

但數量不多，
應該很難
找到喔。

失望

落空

在昆蟲數量較少的住宅
區附近，等到晚上昆蟲
開始活動後，

再和大人
一起出來採集吧。

獨角仙和店裡賣的不是一樣嗎？不用這麼沮喪啦～～！

嗯嗯……

那可不一定喔。

在店裡每隻分開裝的獨角仙，

獨角仙（雄）
＄880

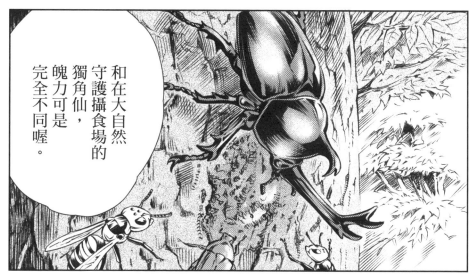

和在大自然守護攝食場的獨角仙，魄力可是完全不同喔。

我就是想要傳達這件事，才選擇拍攝昆蟲。

真想讓你們也瞧一瞧啊……

哇！

一次也好，好想要看看野生的獨角仙和鍬形蟲喔！

那個，海野老師！

去哪裡可以找到獨角仙？

真的嗎!?

好吧。

我來想辦法讓你們看到，但你們要先取得父母的同意。

我也教你們，飼養方法和怎麼找野生的獨角仙吧。

再見～

啪嚓！

那個！
爸爸！

我明天可以去海野老師那邊，學習昆蟲的事情嗎？

海野老師……是誰啊？

今天認識的昆蟲老師喔。

!!

海野老師是這個人嗎？

是？

是啊。

海野　和男
KAZUO UNNO

？

啊啊，可以喔！
爸爸也想跟海野老師聊一聊。

所以！我可以去嗎？

你可要連同爸爸的份，跟海野老師好好學習喔！

啊啊……怎麼會！

爸爸明天還要工作吧！

嗯！包在我身上！

正式向海野老師學習飼養昆蟲的方法。

就這樣，我們……

哈哈哈……

前往公園、雜樹林

為了享受昆蟲採集的樂趣，先來學習怎麼使用基本配備、各種昆蟲的捕捉方式吧。

昆蟲採集的基本配備

捕捉移動迅速昆蟲的捕蟲網，和將捉到的昆蟲帶回家的捕蟲盒，是一開始需要的基本配備。

捕蟲網

在熟悉網子的使用方式之前，建議先用質輕、堅固且便宜的竹製捕蟲網。塑膠製捕蟲網的柄能夠伸縮，非常便利。

竹柄的捕蟲網　　塑膠柄的捕蟲網

竹製的昆蟲籠

塑膠製的飼養箱

捕蟲盒

塑膠製的盒子能夠裝入各種昆蟲，但裡頭容易悶熱。傳統的竹製籠子通風，裡頭不易悶熱。

  捕蟲網使用方式的基本是「扭轉一下」！

❶ 當蟲進入網子。

❷ 迅速扭轉網子，把蟲關起來以防逃跑。

公園、雜樹林的昆蟲採集

公園裡的花壇有蝴蝶飛舞，草地或廣場有蝗蟲、螳螂的蹤影，樹上則有蟬鳴叫，運氣不錯的話，還能採集到獨角仙等。在各種樹木生長的雜樹林，麻櫟、枹櫟等有許多樹木會滲出作為餌食的樹汁，是比起公園更適合昆蟲採集的場所。

這邊先來說明昆蟲採集中的基本——捕蟲網的使用方式。

大型公園、雜樹林中，有些地方對小朋友來說有危險，請和大人一同前往吧。

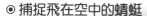

使用網子的捕捉方式

◉ 捕捉飛在空中的蜻蜓

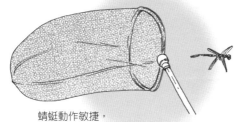

蜻蜓動作敏捷，
將網子從後方揮捕。

◉ 捕捉停在樹上的蟬

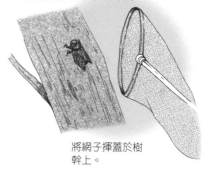

將網子揮蓋於樹幹上。

◉ 捕捉飛在空中的蝴蝶

將網子往下罩住頭部。

◉ 捕捉聚集於樹汁的蝴蝶

將網子由下方往上撈。

◉ 捕捉停於地面的昆蟲

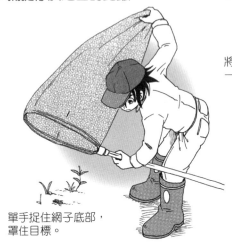

單手捉住網子底部，罩住目標。

◉ 捕捉草叢中的小昆蟲

將網子連同草叢一同撈起。

不使用網子的採集方式

◉ 翻找石頭下方

移開樹蔭下或者潮濕處的石頭，可以發現蠼螋、塵芥蟲。

◉ 翻找落葉下方

落葉中可發現豔金龜幼蟲等。冬天可發現群聚的瓢蟲、椿象。

昆蟲筆記

注意危險的昆蟲！

不要靠近有虎頭蜂出現的樹木附近，很有可能會被螫傷。
另外，以手翻找石頭、落葉時，有時會遇到蜈蚣等有毒蟲類，為了安全要戴上橡膠手套。

◉ 尋找滲出樹汁的樹木

在滲出樹汁的柳樹、麻櫟、枹櫟上，可發現金龜子和蛾，運氣好的話，還會有獨角仙、鍬形蟲等。

水邊的昆蟲採集

公園的池塘、水田、溪流等水邊也有昆蟲。用網子撈起池塘底部的泥沙，能夠捉到水薑等。水邊也有許多蜻蜓的同類飛舞，可以試著捕捉看看。

⊙ 尋視水面

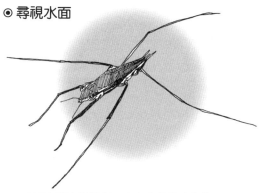

水面上有水電滑行，水中有松藻蟲悠游。另外，在椿柱等地方有時可發現躲起來的稀有昆蟲狄氏大田鱉。

⊙ 將網子伸入長草的地方

將網子押進草的根部用力搖晃，水薑、水龜蟲、日本紅娘華等就會跑進網中，有時也可捕捉到蝦子、稀有昆蟲龍蝨。

⊙ 將裝入餌食的寶特瓶沉入水底

在寶特瓶中裝入魷魚乾、小魚乾、水果乾等沉入水底一天。需用繩子等綁住寶特瓶以免被水流沖走。

昆蟲筆記　水邊很危險喔！

水邊潛藏著許多危險，一定要有大人陪同前往。流速較快的排水溝很危險，也幾乎沒有昆蟲棲息，注意不要靠近。當然，絕對不可靠近禁止進入的場所。

課外教學！

海野老師

各種捕蟲的方法

昆蟲採集除了四處尋找之外，還有像下面利用的昆蟲習性，製作陷阱捕捉昆蟲的方法。誘蟲燈以外的陷阱很容易製作，大家可以嘗試看看喔。

⊙ 埋入紙杯

在土壤中埋入塑膠杯或者紙杯，裡頭添加少許的甜果汁，引誘昆蟲進入陷阱。盡可能選擇內面光滑的杯子以防昆蟲逃跑，可採集到食蝸步行蟲、步行蟲等等。

⊙ 布置餌食

稍微搗碎香蕉、鳳梨，裝入塑膠網垂吊於樹上，昆蟲們會受到甜汁液的吸引聚集過來。陷阱大約能撐一個禮拜，可採集到獨角仙等甲蟲、蝴蝶等等。

⊙ 布置誘蟲燈

在山中空曠的場所，將光打在白布上引誘昆蟲聚集。昆蟲會停留在白布上，可仔細觀察小型昆蟲。獨角仙、鍬形蟲等也會聚集過來喔。

夜晚的路燈也會聚集昆蟲，是可輕易採集的地點。不過，最近路燈多改為LED燈，昆蟲看不見LED所發出的光，反而不會聚集到路燈附近。

Chapter 3

嘗試飼養昆蟲！

隔天

海野老師，午安！

啊，你們來了啊。

聽我說！

爸爸說我可以去捉獨角仙。

我們家也說要我們多跟老師學習！

喔喔，這樣很好。

我爸爸說他是海野老師的粉絲，爸爸不能來覺得很遺憾喔。

那真是我的榮幸。來吧，趕快進來。

吧噠

54

哇，這個飼養箱好大！

首先，從昨天捉到的昆蟲當中，最容易飼養的蝗蟲開始吧。

養昆蟲有分簡單的和困難的嗎？

這個嘛⋯⋯

大海弟弟，你知道蝗蟲的食物是什麼嗎？

咦？

太棒了！

好厲害！非常正確。

鼓掌 鼓掌

應⋯⋯應該是

草或葉子？

56

老師，食物跟飼養的難度有什麼關係？

所有昆蟲都需要食物啊？

食物容不容易取得，會影響飼養的難度喔。

唉!?

嗯……

蝗蟲等其他昆蟲吧？

那麼，青空，蝗螂都吃些什麼？

沒錯！那麼，你想一下，

想要飼養蝗螂的話，就得準備蝗蟲給牠吃……

啊！

是的。

我懂了！想要飼養螳螂的話，必須去捉蝗蟲才行！

大家每天都要吃飯吧？為了一隻螳螂，每天都要去捉蝗蟲，這樣會很辛苦。

但是，如果是草、葉子，住家附近就能夠簡單採集到。

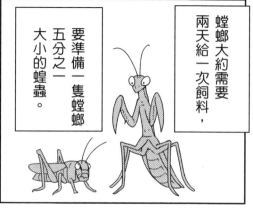

螳螂大約需要兩天給一次飼料，要準備一隻螳螂五分之一大小的蝗蟲。

我知道了！

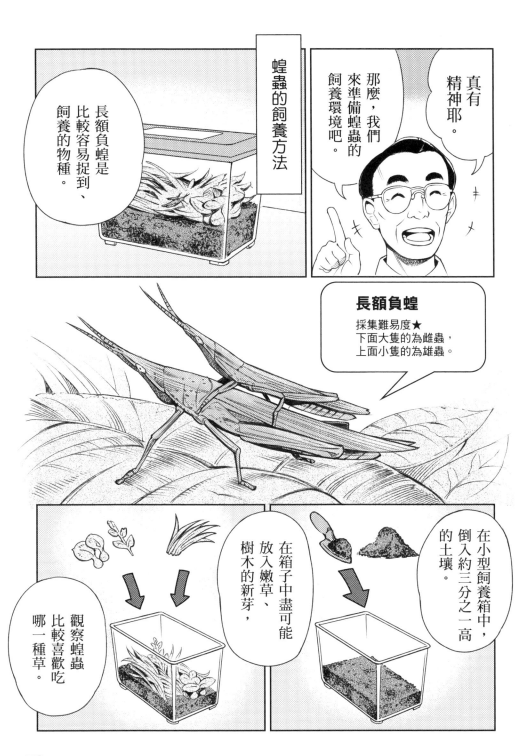

知道牠喜歡的草後，

下次就收集那種草放進去。

長額負蝗多是夫妻黏在一起，

小型飼養箱建議最多雄蟲、雌蟲各養三隻就好。

飛蝗的話，可以在中型飼養箱中飼養一對。

飛蝗

採集難易度★★★
體長約五公分，動作敏捷難以捕捉。

中華劍角蝗

採集難易度★
日本最大的蝗蟲，
雌蟲體長約七公分，
雄蟲飛行時會發出唧唧聲。

若是日本最大的中華劍角蝗——

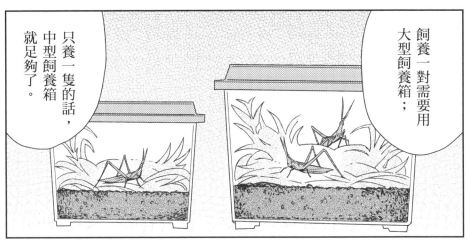

飼養一對需要用大型飼養箱；

只養一隻的話，中型飼養箱就足夠了。

噗咻

然後，注意不要讓表面乾燥，

每兩天用噴霧器噴水一次。

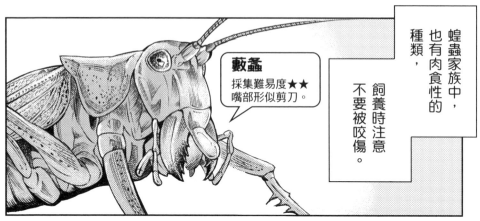

蝗蟲家族中，也有肉食性的種類，飼養時注意不要被咬傷。

藪螽
採集難易度★★
嘴部形似剪刀。

螳螂的飼養

螳螂也是在居家附近能夠採集的昆蟲。我們來準備大螳螂的飼養環境吧。

大螳螂是前後約八公分的大型昆蟲，需要使用中型以上的飼養箱。

大螳螂
採集難易度★
體長約十公分的大型昆蟲。
性情兇暴，注意不要被咬傷或者割傷。

螳螂跟蝗蟲不同，喜歡待在樹上等高處，

通常不會在土壤上行走。

放入裝有水的插花座，插上與箱頂同高的枝葉。

把中型飼養箱豎立起來，

所以，我來透露自己私藏的飼養方式。

不用放入土壤沒關係嗎？

除了水和枝葉之外，不用放入其他東西喔。

螳螂會自己飛到枝葉上，

需要預留讓螳螂自由移動的空間。

移動！

如果枝葉上的樹葉過多，適當地摘掉一些。

螳螂會同類相食，一定要每隻分開來養。

咀嚼
咀嚼

然後，養螳螂最需要注意的地方是，

不能給過多的食物。

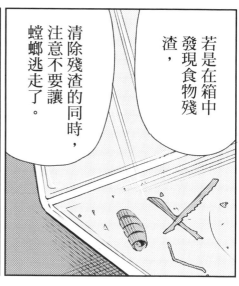

若是在箱中發現食物殘渣，

清除殘渣的同時，注意不要讓螳螂逃走了。

殘渣放著不管會腐爛，

甚至會讓螳螂生病死掉。

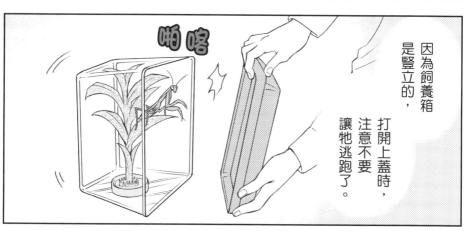

嗨咯

因為飼養箱是豎立的，打開上蓋時，注意不要讓牠逃跑了。

最後——在飼養昆蟲時，務必一個飼養箱只飼養同種類昆蟲。

像這樣準備好飼養昆蟲的環境後，需要注意別讓箱內過於乾燥。

一次飼養過多種類可能導致失敗，

我建議一開始先飼養一種昆蟲就好。

沒想到養昆蟲需要注意這麼多地方。

我……原本是想養螳螂，但我先來養蝗蟲看看吧。

我也是、我也是！

舉手！

老師！
我有問題！

如果有不懂的地方，不要客氣儘管發問喔。

我會每天去摘花！

所以，我想要養養看！

蝴蝶不能飼養嗎？

妳問得很好。

喔～

蝴蝶和蜻蜓除了食物的問題之外，

還有其他不能飼養的理由。

理由？

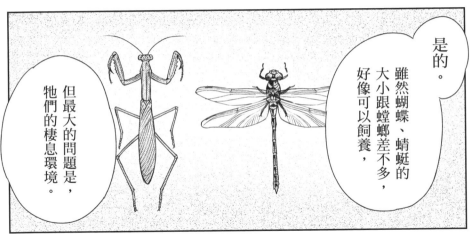

是的。

雖然蝴蝶、蜻蜓的大小跟螳螂差不多，好像可以飼養，

但最大的問題是，牠們的棲息環境。

即便在狹窄空間也能生存的昆蟲。

蝗蟲和螳螂是只要給予足夠的食物，

這是什麼意思？

但是，蝴蝶和蜻蜓是在空中飛舞的昆蟲，

想要飼養的話，需要廣大的飼養場所。

……這個嘛

廣大的飼養場所……

需要有多大？

這麼大嗎？

差不多要有這個房間的大小。

需要這麼大!?

雖然也有在比這裡更狹小的場所飼養的例子，

但我認為需要這麼寬敞才行。

有些較小型的蝴蝶，
可以在鳥籠或者寵物籠中，
置入花草盆栽來飼養。

……這樣啊

但是，
我看過很多
在狹小空間
飼養的蝴蝶，

因為翅膀撞到
箱子的牆壁而
受傷死亡。

但是，最近有出現以前認為沒辦法飼養，現在卻可以飼養的昆蟲喔。

蝴蝶和蜻蜓以後也能夠簡單飼養也說不定。

燦笑！

那麼……

下次我們要去捉的獨角仙，不能夠養嗎？

沒問題！

砰！

學習飼養昆蟲的基本知識

在飼養昆蟲之前，得先了解基本工具等相關知識。
布置舒適的環境，讓昆蟲活得長長久久吧！

基本的工具

在家裡或者學校飼養昆蟲時，需要配合不同的昆蟲準備飼養工具。在這裡介紹飼養昆蟲常用到的工具。

飼養箱

塑膠製的飼養箱有各種不同的尺寸，牆壁透明容易觀察。較小的飼養箱可以當作捕蟲盒來使用。

噴霧器

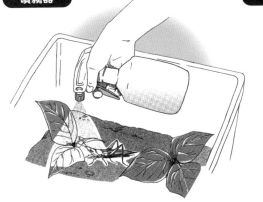

用於噴灑水霧，防止飼養箱內乾燥，但噴灑過多會惡化飼養環境。

鑷子

用於清理飼養箱內的垃圾、糞便，或者移動不想直接觸摸的昆蟲。

海綿

提供水分或者用來插入植物的
吸水海綿等等。

杯子、小碟子等

飼養草食昆蟲時，為防止植物餌食枯
萎，可立於裝有水的杯子。小碟子可
放置水果等食物。

筆蓋

原子筆等的筆蓋可用於捆束細
長禾本科植物，再將筆蓋插入
土壤中來餵食蝗蟲等昆蟲。

昆蟲筆記　　準備適合昆蟲大小的飼養箱吧！

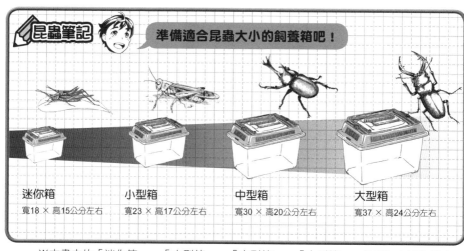

迷你箱	小型箱	中型箱	大型箱
寬18 × 高15公分左右	寬23 × 高17公分左右	寬30 × 高20公分左右	寬37 × 高24公分左右

※本書中的「迷你箱」、「小型箱」、「中型箱」、「大型箱」，分別為上述的尺寸。

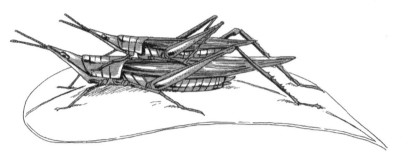

長額負蝗

長額負蝗從北至南廣泛分布日本各地，是棲息於草地、田地、居家附近等身邊場所的昆蟲。負蝗屬於小型蝗蟲，可養在小型飼養箱中。體色多為黃綠色，但依生長環境有些會呈現褐色。

長額負蝗

- ⊙ 體長：2～4公分
- ⊙ 成蟲活動時期：8～11月
- ⊙ 出沒地點：草地等。
- ⊙ 特徵：發現時多為雌蟲背負體積較小的雄蟲。

飼養環境

在飼養箱內裝入2～3公分高的土壤，置入作為餌料的植物及防止倒翻的植物，飼養數量為雄蟲和雌蟲各約三隻。

餌料

多數蝗蟲不喜歡禾本科細長的葉子，而喜歡食用寬廣的葉子，愛吃布袋蓮等浮水植物的葉子。

飼養方法

飛蝗

飛蝗也是從北至南分布於日本列島，棲息地區廣泛的常見昆蟲。展開羽翅時體積會變大，需要使用大型飼養箱。體色多為綠色，長有褐色的羽翅，但依生長環境有些連體色也呈現褐色。

飛蝗

- ◉ 體長：4～5公分
- ◉ 成蟲活動時期：7～11月
- ◉ 出沒地點：草地等。

飼養環境

跟長額負蝗大致相同，可以多隻一同飼養。飛蝗喜歡稍微乾燥的環境，需要注意飼養箱內的濕度。

餌料

喜愛細長尖銳的禾本科植物。芒草等的大型葉子可插入空瓶子，而細長葉子可用筆蓋捆束，再插進飼養箱內的土壤中。

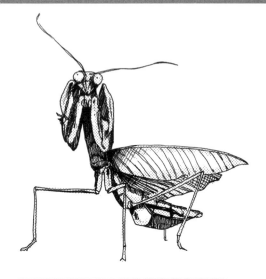

大螳螂

螳螂少在地上行走，多待在枝葉、花朵上，具有倒掛於樹枝等的習性，需要整頓讓牠能夠飛躍移動、落地也不會受傷的生長環境。

大螳螂

◉ **體長**：7～9公分

◉ **成蟲活動時期**：8～11月

◉ **出沒地點**：河邊的草地、山路旁的草叢等等。

◉ **特徵**：雜食偏肉食性。

飼養環境

在豎立飼養箱置入植物、枝葉，方便螳螂倒掛其上，也可使用大型飼養箱，鋪上網子等防止逃跑。因為螳螂會同類相食，務必每隻分開飼養。

餌料

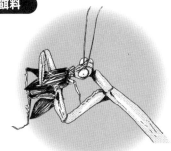

蝗蟲、蟋蟀、蝴蝶、小型蟬等活的昆蟲，也可用水煮蛋的蛋白、生的雞肉等餵食，但需用小鑷子夾到螳螂面前晃動，不然牠不會進食。

不容易飼養的昆蟲

前面漫畫介紹的蝗蟲、螳螂等，和後面漫畫要介紹的獨角仙等，屬於能夠飼養的昆蟲，但蝴蝶、蜻蜓等會飛的昆蟲就不容易飼養。雖然小型蝴蝶可以養在鳥籠中，但若是大型鳳蝶等昆蟲，光是確保作為食物的花蜜就是一大工程。

只要了解蝴蝶、蜻蜓會聚集在哪種花朵或者什麼地方，不必勉強飼養也能每天前去做野外觀察。

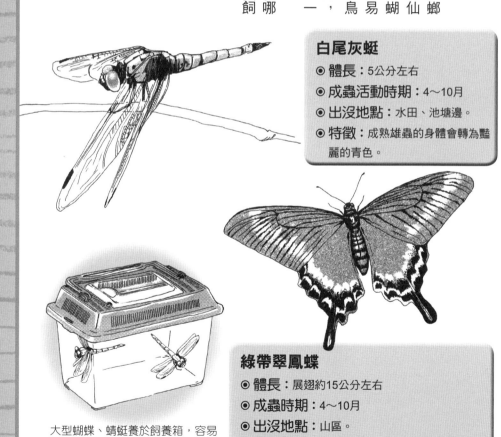

白尾灰蜓

- ◉ 體長：5公分左右
- ◉ 成蟲活動時期：4～10月
- ◉ 出沒地點：水田、池塘邊。
- ◉ 特徵：成熟雄蟲的身體會轉為豔麗的青色。

大型蝴蝶、蜻蜓養於飼養箱，容易撞擊牆壁受傷死亡。

綠帶翠鳳蝶

- ◉ 體長：展翅約15公分左右
- ◉ 成蟲時期：4～10月
- ◉ 出沒地點：山區。
- ◉ 特徵：春型和夏型顏色不同，雄蝶具有聚集於動物尿液的習性。

想要讓採集到的昆蟲活得長久，必須注意幾個地方。若是不曉得或者沒有注意的話，可能會讓昆蟲逃走或者死亡。

⊙ 避免陽光直射

塑膠製飼養箱的牆壁透明，內部容易變得悶熱。若將飼養箱置於陽光直射的場所，昆蟲可能熱衰竭死亡，需要注意。

⊙ 捕捉獨角仙、鍬形蟲！

螳螂、蝗蟲等動作敏捷的昆蟲，關起飼養箱的蓋子時可能夾到牠們的腳，需要注意。這可能造成牠們衰弱或者死亡。

⊙ 給予充足的水分

昆蟲需要飲用許多水，記得補充足夠的水分。可用噴霧器噴濕箱內的牆壁，或者在小碟子中置入吸過水的脫脂棉等。

⊙ 防止幼蟲逃走

螳螂等昆蟲的幼蟲非常小，容易從飼養箱的蓋子縫隙中逃走。為了防止幼蟲逃出，可在蓋子內側夾一層廚房紙巾，再將蓋子蓋上。

Chapter 4

捕捉獨角仙、
鍬形蟲！

上午十點 里山

里山是長時間經由人為管理的森林。

通風良好，棲息著許多昆蟲。

哇——

那麼，大家……都有做好進入山裡的準備嗎？

有！

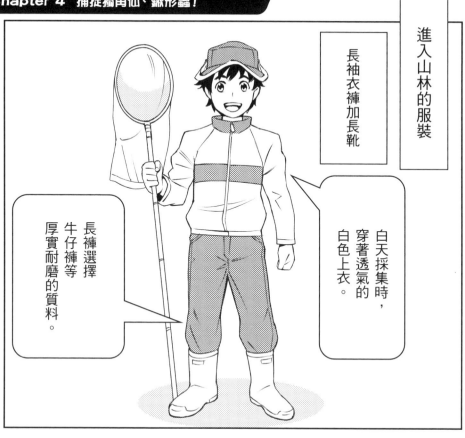

進入山林的服裝

長袖衣褲加長靴

白天採集時，穿著透氣的白色上衣。

長褲選擇牛仔褲等厚實耐磨的質料。

白天入山切忌穿著黑色上衣。

虎頭蜂會對黑色反應，主動襲擊。

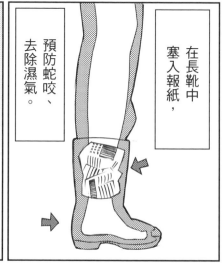

在長靴中塞入報紙，

預防蛇咬、去除濕氣。

83

背包裡要有水、糖果和手電筒。

還有帽子和後背包。

因為日落後山中會突然變暗，即便是白天採集，也要攜帶手電筒。

嗯，準備得非常好。

拍手
拍手

然後……還有捕蟲網、飼養箱和手套！

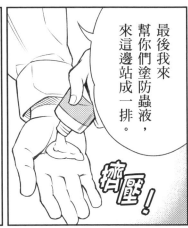

最後我來
幫你們塗防蟲液，
來這邊站成一排。

擠壓！

塗抹

塗抹

噗咻

噗咻

防蟲
噴劑

噴霧式防蟲劑
會漏掉手腕、脖子，

這些地方
要用膏狀
防蟲劑塗
抹。

塗抹

塗抹

喔——！！

那麼，我們進入山裡吧。

你們可以自由行動。

這次我有跟這座山的地主取得入山許可，

日本99%的森林都有地主。

不可以隨便破壞樹木，

或者進入標有「禁止進入」的場所喔。

麻櫟的橡果

栓皮櫟的橡果

會流出樹汁的麻櫟、枹櫟和栓皮櫟，橡果蒂頭很大，非常容易發現。

走吧，獨角仙就在前面了。

老師，走這條路真的能夠發現獨角仙嗎？

……應該要走雜草叢生的山路吧。

沙沙

沙沙

就能聞到樹汁的味道。

看吧，馬上……

嗅聞 嗅聞

沒有那回事喔。

只要這樣走在路上……

在山林裡，即便不用冒著危險深入深山林，

在山路旁邊，就能採集許多昆蟲。

但是……不知道味道是從哪裡飄過來的。

左顧

右盼

真的耶！有樹汁的味道!!

嗯？

嗅聞 嗅聞 嗅聞 嗅聞

90

遇到這樣的情況，最簡單的方法就是，找會吸食樹汁且顯眼的昆蟲。

顯眼的昆蟲？

那棵樹的旁邊有很多蝴蝶在飛！

有了！

沒錯。

那是劍黛眼蝶的同類，會聚集在有樹汁的地方。

劍黛眼蝶
採集難易度★
因為飛行緩慢，
只要不讓牠逃往高處，
基本上很容易捕捉。

拿起

青空，等一下！

太棒了！！

蹳

附近沒看到虎頭蜂，你可以靠近沒關係。

虎頭蜂（日本大黃蜂）具有攻擊性，若是在攝食場場遇到，

建議馬上離開現場，到別的地方採集昆蟲。

哇——！

我第一次看到這麼大隻的蝴蝶。

大紫蛺蝶

採集難易度★★
日本最大的蝴蝶。
雄蝶具有強烈的地盤意識，
有時會反過來驅逐鳥類。

但是，這邊沒有獨角仙。

搬開！

嘎吱嘎吱

拿出！

老師！掉下來一隻小的鍬形蟲喔！！

嗯，是小鍬形蟲。

！！

小鍬形蟲

採集難易度★
因為幾乎不飛行，
發現後很容易採集。

就像這棵樹一樣，在大紫蛺蝶聚集的樹上，也很有可能發現獨角仙、鍬形蟲。

太好了～～

大海，好好喔。

仔細尋找一下，絕對會發現的。

仔細尋找……要找哪裡？

拿起

那邊好像有什麼東西!!

妳的眼睛真尖耶……

那是鋸鍬形蟲。

鋸鍬形蟲

採集難易度★★
對人的氣息敏感,容易逃往高處。
夜晚常會飛在空中,需要注意。

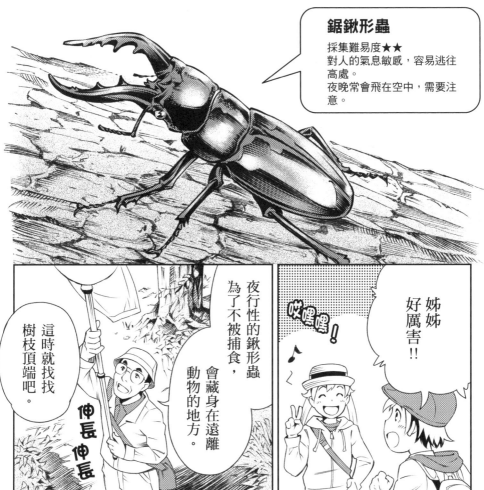

夜行性的鍬形蟲為了不被捕食,會藏身在遠離動物的地方。

這時就找找樹枝頂端吧。

伸長伸長

姊姊好厲害!!

哎嘿嘿!

伸縮網對小孩子來說很重。

我來幫妳捕捉吧。

我也要找到才行!!

唉!?

哇！是獨角仙!?

為什麼會出現在這邊!?

你找到了嘛！

獨角仙擅長挖土，常會出現在樹根附近。

獨角仙

採集難易度★★
若在手搆得到的範圍，能夠輕鬆採集。
因為常出現在高處，需要使用捕蟲網捕捉。

青空，等一下。

燦笑！

獨角仙、鍬形蟲會以非常強的力量打架。

如果兩隻一起放進……這麼狹窄的地方，最後會打得遍體鱗傷。

這樣該怎麼辦才好？

一隻隻放入分隔盒中，牠們就沒辦法打架囉。

拿出

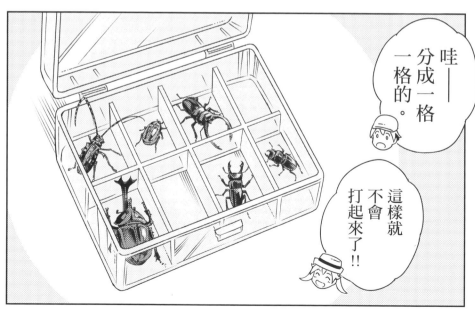

哇——分成一格一格的。

這樣就不會打起來了!!

在老師的指導下，我們在昆蟲聚集的樹木、藏身處，

成功採集到18隻獨角仙、11隻鍬形蟲、3隻天牛。

這就是
我想讓你們
看的場面。

昆蟲為了
在大自然中
生存所
展現的魄力。

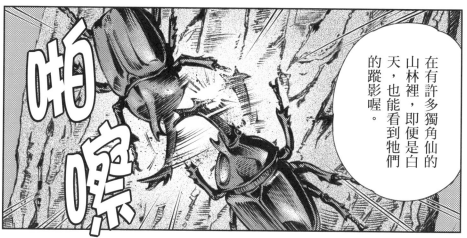

在有許多獨角仙的
山林裡，即便是白
天，也能看到牠們
的蹤影喔。

兩隻獨角仙的打鬥，
竟然會發出
這麼大的聲音。

好厲害
喔！！

好⋯⋯⋯

……

沒想到會這麼著迷……

這樣就有帶你們來的價值了。

加油——

兩隻都不要輸啊——

這次也採集到許多昆蟲呢……

然後……

我知道！

只留下想要養的昆蟲，剩下的要放生嘛。

沒想到被你先說出來了。

哈哈哈！

明天要跟海野老師學獨角仙的飼養方法!! 真期待！

105

前往山林捕捉昆蟲

在充滿自然的山林中，可以邂逅獨角仙、鍬形蟲等平常不易看見的昆蟲喔！

里山

山林裡生長許多麻櫟、枹櫟等容易聚集昆蟲的樹木。

什麼是里山？

日「里山」，是指自然生長的山林地，或者有人為耕種的水田、旱田旁邊的雜樹林。長有許多會滲出樹汁的樹木，以及能夠作為幼蟲巢穴的枯木，對獨角仙、鍬形蟲等昆蟲來說，是非常容易棲息的環境。

不過，如果知道土地的地主，應事先告知再入山採集昆蟲。

 昆蟲筆記 　必須遵守進入山林的規則！

- ◉ 不隨意彎折樹枝、破壞樹幹。
- ◉ 不隨意丟垃圾，自己帶來的東西務必自行帶回。
- ◉ 昆蟲採集所挖出的洞穴，必須填埋回復原狀。
- ◉ 必須有大人陪同前往。
- ◉ 不可靠近拉有禁止進入封鎖線的場所、具有危險的地方。

昆蟲採集的服裝與攜帶物品

在許多昆蟲棲息的山林，是享受大自然的地方，但也有一不注意容易發生危險的時候，確實準備好服裝、攜帶物品再前往吧。

服裝

帽子
山中有些地方日照強烈，為預防中暑，請戴上帽子或者纏繞毛巾。

後背包
將攜帶物品裝入後背包中，空出雙手做其他事情。

長袖衣褲
為防止蚊蟲叮咬、樹枝劃傷肌膚，請穿著長袖衣褲，建議選擇透氣性佳的材質。

易於運動的鞋子
為防止腳痛，請穿著易於運動、不易脫落的鞋子，也可選擇不易跑進泥沙等的長靴。

攜帶物品

採集盒
隔開會打架的昆蟲，可用分隔盒等進行隔離。

捕蟲網和捕蟲盒
跟前往公園、雜樹林時相同，是捕捉、帶回昆蟲的必要配備。

防蟲噴霧劑
用於防止蚊虻叮咬。

手電筒
用於照亮昏暗場所、探查木孔內側等。

小鏟子、橡膠手套
用於挖掘腐植土。

水壺、糖果等
在水壺內裝入水或者運動飲料，隨時補充水分。糖果、零食可補充出汗流失的鹽分。

鑷子
用於採集狹窄隙縫中的昆蟲。

認識昆蟲聚集的樹木

在麻櫟、枹櫟等殼斗科植物上，常有許多昆蟲聚集。除了樹汁、樹葉之外，花朵、果實、落葉、枯木等也是昆蟲的食物。只要了解昆蟲聚集的樹木特徵，就能簡單採集昆蟲。

枹櫟樹生長的山林樣貌。

枹櫟

滲出清爽、味道淡泊的樹汁。開始滲出樹汁的樹幹，約3年每年都會滲出樹汁。深山鍬形蟲不出現在麻櫟，而會聚集在枹櫟上。

⦿ **聚集的昆蟲：**獨角仙、鋸鍬形蟲、深山鍬形蟲、金龜子、天牛等等。

枹櫟的樹皮
顏色偏白色。

枹櫟的樹葉
前端葉面較寬。

麻櫟

麻櫟的特徵是會滲出濃厚的樹汁。開始滲出樹汁的樹幹，會連續好幾年滲出樹汁，明年可以試著尋找同一棵樹木。

⦿ **聚集的昆蟲：**獨角仙、大鍬形蟲、鋸鍬形蟲、扁鍬形蟲、大紫蛺蝶、金龜子、天牛等等。

麻櫟的樹皮
凹凸不平。

麻櫟的葉子
整體細長。

其他

主要種植於公園、學校的楊柳、橙木等，也是容易發現昆蟲聚集的樹木。近似麻櫟的栓皮櫟，或者生長於海拔較高的櫸、水楢、榆等樹木，上面也常有昆蟲聚集。

河柳

生長於河邊、濕地。有時是由深山鍬形蟲的雌蟲等啃咬樹枝滲出汁液，吸引其他的昆蟲聚集舔食。

> ⊙ **聚集的昆蟲：**跟麻櫟和枹櫟相同。在海拔較高的地方，也會聚集紅腿刀鍬形蟲、姬大鍬形蟲。

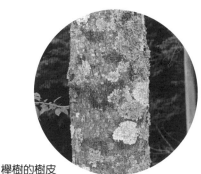

櫸樹的樹皮

樹皮顏色為略帶藍的灰色。

河柳的葉子與樹幹

葉形細長、樹幹顏色略帶灰色。

課外教學！

海野老師

尋找橡果

麻櫟的橡果

外型較其他橡果圓肥。

枹櫟的橡果

外型細長短小。

橙木的橡果

如小松毬般的蒂頭，枯萎時仍長於樹上。

昆蟲聚集的樹木大多結有橡果，在採集昆蟲時會非常有幫助。即便果實的部分被動物吃掉，我們也可以尋找橡果的蒂頭。

如果能記得樹木結出的橡果，

獨角仙、鍬形蟲的
採集重點

想在廣大的山林裡尋找獨角仙、鍬形蟲，是相當不容易的事情。但是，只要稍微知道尋找的訣竅，就能馬上發現牠們的蹤影喔。

尋找山路的旁邊

比起草叢等障礙物多的場所，山路旁邊日照充足、較為空曠，更容易發現昆蟲。昆蟲容易在這樣的地方活動。

尋找聚集於樹汁的昆蟲

樹汁會吸引獨角仙、鍬形蟲等許多昆蟲聚集。尋找蝴蝶等大型顯眼的昆蟲，會比較容易發現滲出樹汁的地方。

有些樹木是從樹根部分滲出大量樹汁，除了抬頭察看樹幹之外，偶爾也要撥開樹下的雜草等尋找看看。

用手電筒照光 （夜晚）

嗅聞樹汁的氣味

在夜晚用手電筒照射，蛾、獨角仙等眼部會反射橘光。當看到許多橘光，就表示有昆蟲聚集於樹上。

樹汁有時是在樹木的內側或者高處等不容易發現的地方滲出，可靠嗅聞樹汁的氣味來判別。

課外教學！

海野老師

天牛出沒的樹木

白條天牛生長於枹櫟樹中，羽化後會鑽出大圓洞跑出樹外。這個洞會滲出樹汁，有時小鍬形蟲等昆蟲會鑽入棲息。

◉ **體長**：體長4～5.5公分。6～8月可在殼斗科植物上發現，下顎強而有力。

白條天牛

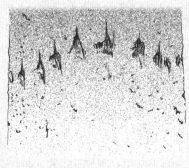

產卵的痕跡有時會繞樹木一圈。

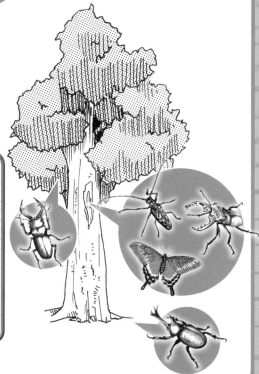

獨角仙與鍬形蟲的活動時間

獨角仙、鍬形蟲皆為夜行性昆蟲，基本上於夜晚活動，但在山林等地區，不少獨角仙、鍬形蟲也會在白天時分外出活動。

早晨與夜晚的情況

滲出樹汁的場所，
會聚集獨角仙、
鍬形蟲、天牛、
蛾等昆蟲。

白天的情況

滲出樹汁的場所，
會聚集金龜子、蝴蝶、虎頭蜂、
天牛等，偶爾也會出現
深山鍬形蟲、鋸鍬形蟲。
鍬形蟲多藏於枝頭的樹蔭裡，
樹根旁的枯葉下可發現獨角仙的蹤影。

昆蟲筆記

在樹根旁挖開的洞，離開時要回復原狀

挖開的落葉、腐植土要確實復原，讓昆蟲能夠再次躲進裡面。

帶回採集到的昆蟲

在山林裡採集昆蟲半天後，可以捕捉到獨角仙、鍬形蟲等許多昆蟲。但是，如果帶回去的方式錯誤，昆蟲可能在回家的途中衰弱或者死亡。這邊就來說明昆蟲帶回家時需要注意的地方吧。

蓋緊蓋子以免昆蟲逃走

力氣大的昆蟲能夠撞開蓋子逃走，確認蓋子有無蓋緊。市面上也有販售附有蓋扣的盒子。

不要裝入太多昆蟲

盒內裝入太多昆蟲的話，牠們會打起來。僅留下能夠飼養的物種，剩下的放生大自然。

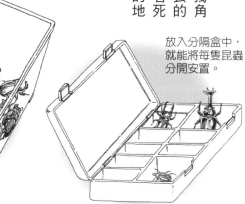

放入分隔盒中，就能將每隻昆蟲分開安置。

注意溫度

透明盒子直射到陽光後，裡頭會變得悶熱。可於盒蓋間夾入款冬、蕨類的葉子，用來遮蔽光線。

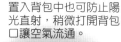

置入背包中也可防止陽光直射，稍微打開背包口讓空氣流通。

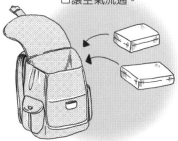

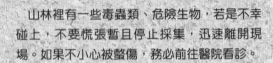

山林裡有一些毒蟲類、危險生物，若是不幸碰上，不要慌張暫且停止採集，迅速離開現場。如果不小心被螫傷，務必前往醫院看診。

虎頭蜂（大黃蜂）

虎頭蜂長有劇毒尾針，被螫傷會有生命危險。牠們容易對洗衣精味道強烈、黑色的衣服反應，進入山中建議穿著洗劑味道殘留較少的淡色衣物（在夜晚，淡色衣物有時反而比較顯眼）。雖然不會突然襲擊，但若聽到響亮的振翅聲或者「喀擦喀擦」的威嚇聲，可能就非常危險。

大蜈蚣

會被樹汁吸引的蜈蚣。雖然動作不敏捷，但具有強烈的毒素，接觸到肌膚或者鑽進衣物內的話，可能就非常危險，需要嚴加注意。

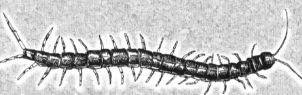

蝮蛇

蟾蜍

山林裡除了危險的蟲類之外，還有蝮蛇等有毒的爬蟲類，如果發現牠們的畫，安靜地離開現場。蟾蜍表皮分泌的白色液體具有毒性，不小心沾到手等部位時，應馬上用清水沖洗。

Chapter 5

飼養獨角仙、
鍬形蟲！

好～的。

事不宜遲，現在就來教你們怎麼飼養昨天捉到的獨角仙吧。

首先，先來測量獨角仙的大小。

那麼，借我一下獨角仙。

伸手

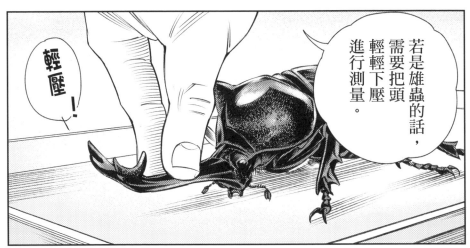

若是雄蟲的話，需要把頭輕輕下壓進行測量。

輕壓！

要選擇適合獨角仙的飼養箱啊——

我之前都隨便飼養。

哈哈哈！

這隻獨角仙是平均尺寸，所以用中型飼養箱。

在裡頭鋪上5公分高的市售昆蟲木屑。

沙沙！

市售的昆蟲木屑，已經調整過含水量，能夠直接使用。

昆蟲飼養木屑　鍬形蟲木屑　飼養用木屑

我有問題！

不能直接用土壤來養嗎？

妳問得很好。

當然，獨角仙也可用腐植土來飼養。

但是，腐植土不容易找到。

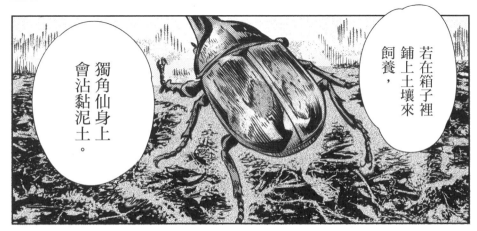

若在箱子裡鋪上土壤來飼養，

獨角仙身上會沾黏泥土。

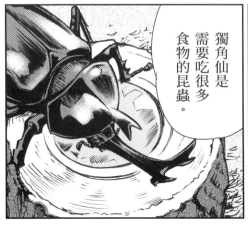

獨角仙是需要吃很多食物的昆蟲。

為什麼土壤會變成泥土？

？

吃了很多食物後，

就會產生很多排泄物。

該不會是獨角仙的大小便才變成泥土吧？

嗚哎！！

比起土壤，昆蟲木屑比較不容易變成泥土……

是的！

但最後都會變成泥土。

哼嗯哼嗯

當土壤變成泥土，飼養環境會變差，獨角仙就容易生病。

如果箱子沾黏排泄物的話，要幫牠擦乾淨。

當裡頭散發出臭味時，

就需要更換飼養木屑。

好一一的!!

接著是食物。

的確，我也不想要住在自己的小便當中～

哼嗯哼嗯

這我知道!!

給牠吃西瓜就行了吧?

……嗯～～

……不是不可以

但西瓜的含水量太多,容易惡化飼養環境。

盡可能給牠像是蘋果、香蕉等,

含水量不多富有營養的食物。

切小塊的蘋果。

切半的香蕉。

潮濕

潮濕

想讓獨角仙健康活下去,

牠也需要攝取蛋白質。

最近，市面上有在賣高蛋白質的昆蟲果凍，非常方便，

餵食這些，通常可以活得比較長久喔。

……這樣啊

我還以為獨角仙只吃西瓜。

對了，裡頭一定要放食物盤喔。

直接將食物放到飼養木屑上的話，容易加速食物腐敗。

我知道了！

最後，再放進商店賣的人造葉材。

把獨角仙放進去……

還不能放進去喔。

哇‼

放進假的葉子後，變得跟熱帶魚的水族箱一樣漂亮‼

125

很漂亮吧？

以前會放入樹枝、樹皮，

防止獨角仙摔跤，

但每次清掃飼養箱時，

都要重新採集新的樹枝、樹皮，相當麻煩。

所以，現在很多人

選擇放入容易水洗清潔、外觀漂亮的人造葉材。

對喔！

假的葉子只要洗一洗就能繼續使用嘛！

鋸鍬形蟲用剛才準備的飼養組合就能飼養了。

小鍬形蟲可以用小型飼養箱來養。

不過，飼養鍬形蟲需要注意的是，

雄蟲和雌蟲不能養在一起。

為什麼？

長時間一起飼養的話，有些鍬形蟲

雄蟲會殺死雌蟲，

也有雌蟲會捕食雄蟲的鍬形蟲物種。

唉唉～～!?

總而言之，飼養像是獨角仙、鍬形蟲等大型甲蟲時，

想要牠們活久一點的話，必須分開來養喔。

我知道了！！

雖然飼養昆蟲感覺很難，但我們對昆蟲愈來愈有興趣了。

不過，還有很多我們不知道的事情。

飼養獨角仙、鍬形蟲

自己嘗試飼養夏天雜樹林、山林的主角——
獨角仙、鍬形蟲吧。

飼養的基本知識與工具

獨角仙、鍬形蟲的飼養方式，會因目的「觀察用」、「讓牠產卵」等有所不同，需要根據飼養的目的來選擇飼養箱。

飼養箱會吸引果蠅聚集，可於蓋子上鋪蓋報紙等防止果蠅入侵。

飼養箱與鬆緊帶

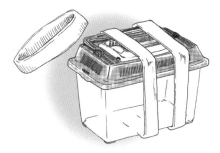

力量強大的獨角仙可能撬開蓋子逃跑，需用鬆緊帶等固定箱蓋。

昆蟲木屑

使用木屑代替土壤。市售木屑已經調節含水量、具有防蟲效果，從袋子倒出來後馬上就能使用。

昆蟲筆記

購買昆蟲木屑需要注意的地方

昆蟲木屑分為一般觀察用木屑，與能夠作為幼蟲餌料的飼養用木屑，觀察用木屑的質地粗糙，而幼蟲飼養用木屑的質地細緻。如果不知道怎麼區分，可向寵物店店員確認再購買。

人造葉材

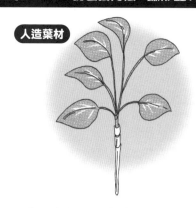

為了讓獨角仙倒翻時有攀附的地方翻身，需要放進人造葉材料。另外，這樣還能讓環境看起來更為美觀。

昆蟲果凍

針對以樹汁為主食的昆蟲，人工生產的高蛋白質果凍，能夠幫助昆蟲均衡營養。

樹皮

放入樹皮可以防止昆蟲倒翻，但從外頭撿回來的樹皮，需先用熱水燙消毒再置入。

餌料器皿

用來放置食物。除了輕盈的塑膠器皿外，最近也有販售外型美觀、剛好可裝入昆蟲果凍的木製器皿。

昆蟲筆記　　**要保持飼養箱的清潔！**

飼養箱會沾黏獨角仙、鍬形蟲的排泄物，不做清理的話，會散發出惡臭、長出蟎蟲，惡化飼養環境，甚至還可能讓裡頭的昆蟲衰弱死亡。

飼養獨角仙和鍬形蟲

事先了解獨角仙、鍬形蟲的飼養方式，就不會覺得是難以飼養的昆蟲，珍惜愛護地飼養能讓牠們活得又長又久，大家可以嘗試看看。

在飼養箱中倒入
5公分高的昆蟲木屑，
並輕輕拍實。

置入餌料器皿、
防止倒翻的人造葉材後，
再放入獨角仙、鍬形蟲。
需注意的是，
避免裝入過多的人造葉材，
以免昆蟲沒有空間活動。

給予餌料

放入香蕉、蘋果等
含水量不高、
營養價值高的食物。
由於會使昆蟲木屑加速腐敗，
務必將食物置於器皿中。
昆蟲也需攝取蛋白質，
可給予市售的
高蛋白質果凍。

飼養箱的清洗方式

當箱內牆壁沾黏髒污，需用沾水溼的面紙等擦拭乾淨。碰到頑強的污垢時，可用濕紙巾等清理。

更換昆蟲木屑

當昆蟲木屑出現臭味，就表示該更換新的木屑。更換木屑時，可先將裡頭的昆蟲暫時移至其他盒子，順便清洗整個飼養箱。

課外教學！

海野老師

被當作寵物的昆蟲

地球上棲息著為數眾多的昆蟲，但只有少數一部分的昆蟲被當作寵物飼養，比如獨角仙、鍬形蟲、鈴蟲等等。雖然昆蟲不像貓狗能夠存活好幾年，但一旦開始飼養就得負起責任照顧到最後。

另外，在店裡購買的國外昆蟲，絕對不可讓牠逃到外面。國外的昆蟲（外來種）可能會讓國內的昆蟲（原生種）滅絕，甚至破壞生態系。

鈴蟲

◉ **體長：**體長2公分左右。
出沒於河邊草地、山林中，發出「叮鈴叮鈴」的鳴叫聲。

嘗試觀察昆蟲的產卵！

嘗試觀察獨角仙、鍬形蟲的產卵過程。
只要了解相關知識，你也能夠進行觀察。

讓獨角仙產卵

在山林採集的野生獨角仙，捉到的雌蟲大多已經交配完成，飼養的同時也試著讓牠產卵吧。

市售的獨角仙也能夠觀察產卵，只要將雄蟲、雌蟲放進同一個飼養箱中，交尾後就能產下蟲卵。

獨角仙（雌蟲）

◉ 體長：5公分左右。
7～8月可於雜樹林、果園中發現。
擅長潛藏土壤中。

準備獨角仙的產卵環境

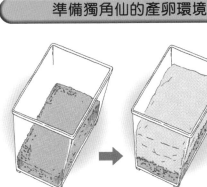

❶在飼養箱（大型）中，倒入幼蟲飼養木屑至四分之一左右的高度，並且壓實木屑。

❷再倒入幼蟲飼養木屑至四分之三的高度，稍微拍壓到手指能夠戳進去的程度。

❸最後放入一隻雌獨角仙和餌料，蓋上鋪有報紙的蓋子。如果快的話，2～3天就會產卵。

讓鋸鍬形蟲產卵

捕捉到的野生鋸鍬形蟲，雌蟲大多已經交配完成，能夠直接產卵。市售的鍬形蟲也能夠觀察產卵，將雄蟲和雌蟲置入飼養箱一天左右，牠們就會交尾準備產卵。

鋸鍬形蟲（雌蟲）

⊙ 體長：2公分左右
7～8月可於雜樹林中發現。

準備鋸鍬形蟲的產卵環境

❶在飼養箱（中型）中，倒入幼蟲飼養木屑至四分之一左右的高度，並且壓實木屑。

❷接著埋入1、2根產卵木（參見138頁的說明），倒入幼蟲飼養木屑至四分之三的高度，稍微拍壓到手指能夠戳進去的程度。

同樣的產卵組合，也可讓深山鍬形蟲、扁鍬形蟲產卵喔。

❸最後放入一隻雌鋸鍬形蟲和餌料，蓋上鋪有報紙的蓋子。鍬形蟲會啃咬產卵木，在裡頭產下蟲卵。

適合鍬形蟲產卵的樹木，有麻櫟、枹櫟、朴樹等等。若是徒手就能破壞的樹木，木質過於腐朽不適合產卵。

準備鍬形蟲的產卵木！

雌鍬形蟲會在朽木中或者附近產卵。所以，想要讓鍬形蟲產卵，需先準備代替朽木的產卵木。這邊會分別解說由市售木頭製成產卵木的方法，以及由山上採集木頭製成產卵木的方法。

用市售木頭製作

❶購入市售的產卵木（種植香菇的段木）。

❷買回來的產卵木是乾燥的，需要沉入水中2～3天，吸收充足的水分。

用山上採集的木頭製作

❶用鋸齒將殼斗科枯木鋸出15公分左右的段木。

❷用熱水燙，殺菌除蟲。

❸將吸水的產卵木完整剝皮，使用湯匙等就能簡單剝下。皮下的白色纖維也要剝除乾淨，待表面水分乾燥就完成了。

讓小鍬形蟲產卵

捕捉到的野生小鍬形蟲，雌蟲大多已經交配完成，能夠直接產卵。

準備小鍬形蟲的產卵環境

❶ 在飼養箱（迷你）中，倒入幼蟲飼養木屑至四分之一左右的高度，並且壓實木屑。

❷ 橫放與飼養箱等長的產卵木。

❸ 放入一隻小鍬形蟲和餌料，蓋上鋪有報紙的蓋子，置於陰暗的場所即可。同樣的產卵組合，也可讓大鍬形蟲產卵。

幼蟲的飼養

若是獨角仙的幼蟲，可繼續用大型飼養箱飼養。但是，幼蟲成長後，一個飼養箱頂多維持10隻左右，不然食物會不夠牠們食用。若是鍬形蟲的幼蟲，需在縱長的瓶子中裝入飼養木屑，一隻一隻分開飼養。

獨角先的幼蟲

當昆蟲木屑轉為黑色時，表示累積很多排泄物。去除排泄物的時候，需要補充減少的昆蟲木屑。

鍬形蟲的幼蟲

在飼養木屑挖出孔洞裝入幼蟲。在蓋子的正中央鑿出氣孔，夾入餐巾紙旋緊即可。

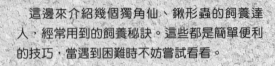

課外教學！

海野老師

飼養的秘訣！

這邊來介紹幾個獨角仙、鍬形蟲的飼養達人，經常用到的飼養秘訣。這些都是簡單便利的技巧，當遇到困難時不妨嘗試看看。

● 在地板下的收納空間飼養

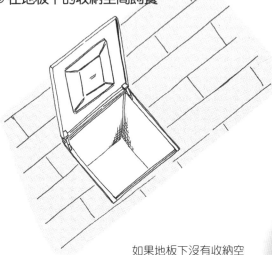

地板下的溫度、濕度穩定，極為適合飼養獨角仙、鍬形蟲。尤其是怕高溫的深山鍬形蟲，非常推薦養於地板下。產卵套組也可置於地板下收納空間，雌蟲在昏暗寧靜的環境容易產卵，但注意通風，也不要忘了補充餌料。

如果地板下沒有收納空間，用報紙等包住飼養箱，置於陰涼安靜的場所，也具有相同的效果。

● 當昆蟲逃走時

想要捕捉從飼養箱逃走的昆蟲，設置食物陷阱是最適合的做法，試著在通風的門窗附近放置餌料吧。如果經過三天仍未出現的話，表示可能已經跑出住家或者死亡。

Chapter 6

從卵開始飼養蝴蝶

海野老師！到底是怎麼一回事！！

因為老師之前說蝴蝶不能飼養，

我才傷心放棄的！！

現在竟然問我，要不要養養看鳳蝶!?

妳別這麼生氣嘛。

生氣！

嘛～嘛～

我之前說不能飼養的蝴蝶，是在天空中飛舞的成蟲。

這次我問「要不要養養看」的，是蝴蝶的幼蟲。

咚！

142

143

啊！ ！

叮著～

葉子上面黏著圓圓的東西！！

這是鳳蝶的一種……

柑橘鳳蝶的卵。

這是跟你們第一次相遇的那天，在河邊草地上採到的喔。

好可愛！

我第一次看到鳳蝶的卵♪

這個像眼珠子的東西就是卵嗎？

卵一開始會是黃色，當出現像是眼珠的模樣時，就表示快要孵化了。

所以我想大家可以一起觀察。

……孵化？

好厲害!!

就是幼蟲再過不久會從卵中跑出來。

145

146

你們看好了，幼蟲接著會做有趣的事情喔。

什麼、什麼？

柑橘鳳蝶的一齡幼蟲
採集難易度★
以花椒、橘子等柑橘類植物的葉子為食。
發現後容易採集。

卵殼！！

牠在吃……

哇！

咀嚼

咀嚼

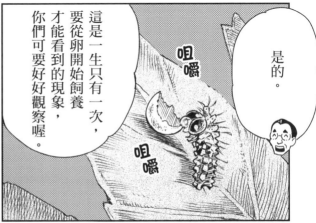

這是一生只有一次，要從卵開始飼養才能看到的現象，你們可要好好觀察喔。

咀嚼

咀嚼

是的。

好～的！！

老師！

這個鳳蝶經過多久才會長為成蟲？

那要看飼養環境……

若是養在室內的話，大概30天到40天，就會長為成蟲。

飼養環境是指？

飼養房間的溫度喔。

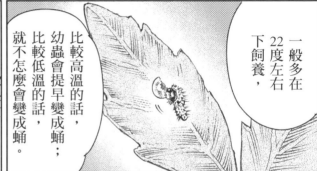

一般多在22度左右下飼養，

比較高溫的話，幼蟲會提早變成蛹；比較低溫的話，就不怎麼會變成蛹。

那就快點調高溫度，讓牠早點變成成蟲吧！

不能那樣做！

溫度超過30度，幼蟲會變虛弱，甚至有可能死掉。

蛤～！

必須小心飼養才行。

卵孵化後10天……

扭動

扭動

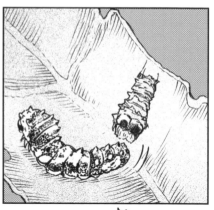

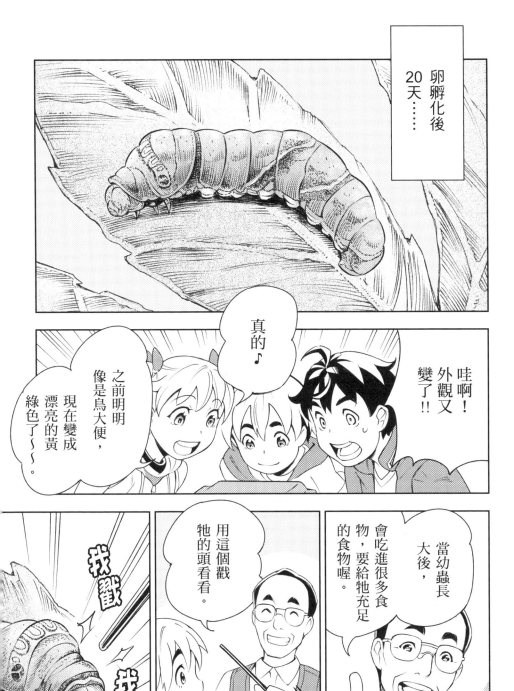

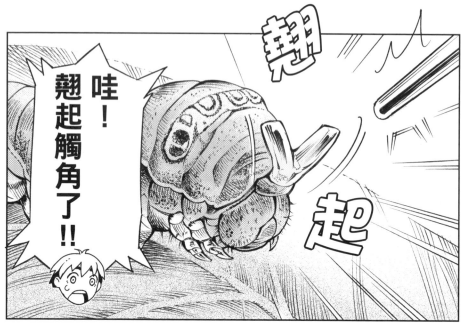

哇!翹起觸角了!!

嗅聞 嗅聞 嗅聞

這是幼蟲遭受襲擊時的武器。

你們試著聞一下木筷。

幼蟲就是靠這個味道驅趕敵人的。

抱歉、抱歉。

哈哈!

好臭~~~!

老師好過分!!

這隻幼蟲再過一個禮拜左右，就會變成蛹了。

平安變成蛹以後，接著就是長為漂亮的蝴蝶了～～。

真期待♪

幼蟲通常會在比先前生活的場所更堅硬的地方變成蛹。

我們只要放入適合幼蟲變成蛹的木板就行了。

卵孵化後40天……

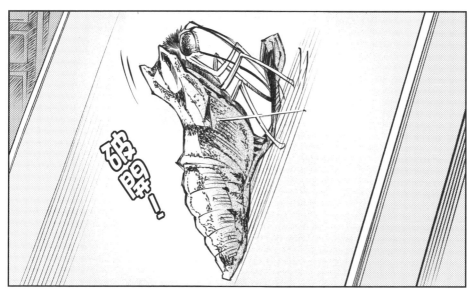

老師，這隻柑橘鳳蝶要怎麼辦？

笨蛋！

蝴蝶不能飼養，只能放回大自然啊！！

沒錯。

等到牠會飛了以後，我們再到原本的河邊草地放生吧。

好的！

數天後……

掰～掰。

保重啊 ♪

觀察昆蟲的一生

從卵或者幼蟲開始飼養，能夠近距離觀察昆蟲的一生。

鳳蝶的一生

柑橘鳳蝶在羽化為成蟲之前，成長過程會不斷轉變姿態，觀察起來相當有意思。鳳蝶從卵到羽化為成蟲大致需要一個半月的時間。作為餌料的芸香科植物，多生長於公園、寺廟，可前往在這些地方採集。

終齡幼蟲
產卵後約3個禮拜

長為終齡幼蟲後，體色會呈現鮮豔的黃綠色，跟作為食物的芸香科植物的葉子顏色相近。

幼蟲　孵化～3個禮拜

幼蟲會反覆蛻皮長大。在這個階段，幼蟲的外觀看起來像是鳥糞，讓外敵誤以為是真的鳥糞，免於遭到捕食。

孵化　產卵後約4天

幼蟲從卵孵化出來後，馬上就會啃食自己的卵殼。卵殼的營養豐富，啃食掉卵殼一個作用是，不讓外敵知道有新生命誕生。

成蟲 產卵後約1個半月

蟲蛹的背側裂開孔洞，成蟲從裂洞中爬出，這個過程稱為「羽化」。爬出蟲蛹後會暫時待在原處，等到羽翅完整展開後，便會用力揮動羽翅飛走。

蛹 產卵後約1個月

在蟲蛹期間，身體會溶解重組轉為成蟲。無法移動的蛹容易遭到其他動物捕食，充滿著危險。

柑橘鳳蝶的幼蟲只吃芸香科植物的葉子。

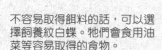

不容易取得餌料的話，可以選擇飼養紋白蝶。牠們會食用油菜等容易取得的食物。

黃鳳蝶的幼蟲會吃胡蘿蔔、芹菜等繖形花科植物的葉子。

課外教學！

海野老師

確保餌料

在自然界，昆蟲會在有食物的地方產卵，但人類飼養的場合就不同了，需要準備餌料餵食幼蟲。打算飼養昆蟲時，需要考量自己能否確保牠們的食物。

獨角仙的一生

幼蟲
7月梅雨結束後，幼蟲會儲存充足的養分，開始準備形成蛹。

蛹
為了形成蛹，會在離地表30公分左右的地下深處挖掘房間，並利用自己的排泄物讓房間變得光滑，以防止雨水滲入。

獨角仙在8至9月產卵，產下的卵約經過2個禮拜孵化。出生的幼齡幼蟲會在秋天結束時轉為終齡幼蟲，讓身體儲存營養做好越冬的準備。12至3月左右，在地下深處度過寒冷時期，待氣候變暖和的時候，開始大量進食準備形成成蟲。然後，在產卵後第9個月左右轉為蛹，1個月後長為成蟲。

成蟲
轉為成蟲後，壽命約有1個月左右，雄蟲會為保護餌食場而戰鬥，雌蟲會為留下子孫，尋找更好的產卵地點。

鍬形蟲的一生

鍬形蟲大多能夠存活2年以上。在比獨角仙還長的幼蟲時期，會儲存組織身體的營養，最後身體表皮硬化轉為成蟲。

幼蟲

在朽木中出生的鍬形蟲，幼蟲會分泌名為防凍液、不容易結凍的體液來保護自己。

蟲蛹

跟獨角仙不同，幼蟲會挖出橫向的房間來形成蟲蛹。在堅硬樹中的房間裡，蟲蛹會在秋天轉為成蟲。

成蟲

在秋天轉為成蟲後，會暫時待在樹中度過，等到明年6月左右才外出活動。

課外教學！

海野老師

獨角仙與鍬形蟲的差異

	獨角仙	鍬形蟲
壽命	約1年的幼蟲時期，轉為成蟲後約能存活2個月。	依種類而異，有2～4年的幼蟲時期，轉為成蟲後仍能存活2～5年。
物種	日本國內有3種	日本國內超過12種（可再細分為更多物種）
生活場所	腐植土	樹上
產卵場所	腐植土	枯木
戰鬥方式	用犄角將對方舉起來	用大下顎夾住等等
食物	兩者都吃樹汁、蔬菜、水果等等，但獨角仙的能量消耗劇烈，需要大量進食	

獨角仙與鍬形蟲除了外觀不同之外，壽命的長度、日本境內的物種數量等等，還有許多不一樣的地方。

獨角仙幼蟲與鍬形蟲幼蟲的區分方式

你能夠區分獨角仙和鍬形蟲的幼蟲嗎？

其實，這兩種幼蟲的尾部外型不太一樣。

獨角仙和鍬形蟲的養育方式、成長方式有所不同，飼養前務必確實分清楚。

獨角仙的幼蟲

鍬形蟲的幼蟲

極為相似的幼蟲姿態，小的時候難以跟豔金龜的幼蟲區別。

獨角仙的幼蟲

尾部會浮現橫向的一直線。

鍬形蟲的幼蟲

尾部長有如緩衝圓墊般的構造，並呈現縱向的一直線。

昆蟲筆記

憧憬的深山鍬形蟲！

比鋸鍬形蟲更難發現的深山鍬形蟲，是昆蟲愛好者的摯愛。「深山」意思為高山的深處，如同其名棲息於海拔300至1000公尺左右的深山裡。牠的體色比獨角仙、其他的鍬形蟲更接近白色，活動時間為太陽高掛的白天，就鍬形蟲來說相當罕見。

◉ **體長**：6公分左右。
7～8月可於森林的水邊附近、高海拔的地方發現。
◉ **特徵**：性情兇暴，體表覆蓋金黃色的絨毛。

Chapter 7

製作標本！

164

怎麼這麼慌張？

哈
哈

老師！

拜託你教我怎麼製作標本。

之前在山林裡捉到的……

獨角仙死掉了。

製作標本嗎？

然後，青空就說要把那隻獨角仙做成標本……

我說這樣太可憐了，好好幫牠埋葬吧，但他就是不聽！

老師你也說說他幾句！！

你為什麼突然想要做成標本呢？

我自己也說不清楚……

但那隻是我第一次捉到的獨角仙，

在幫牠拍照片、畫素描、換食物的過程中，

漸漸想要牠再多待在自己身邊……

牠變成你非常珍貴的寶物了嘛。

我自己開始飼養之前，也認為把昆蟲做成標本很可憐！

但是，我現在不這麼想了!!

166

我們一起製作標本吧。

青空的思念傳達得非常清楚了……

呀！

青空……原來你是這麼想的啊……

今天，我來教你們第一次做也不容易失敗的標本製作吧。

拜託老師了。

167

首先，要準備……

保麗龍盤、標本針、附蓋子的玻璃瓶。

還有乾燥劑和密閉容器……

除濕的膠

標本針

然後，準備兩塊厚度超過5公釐的木板，

並排在一起，在中間留下獨角仙不會掉下去的縫隙。

接著，把獨角仙放到上面……

準備好了！

用標本針從右邊翅膀的上面扎下去。

哎？要扎下去!?

……好……好恐怖

慢慢扎進去就行了。

那麼，你試著邊慢慢旋轉邊扎下去。

啊！標本針扎進去了！

太硬了，標本針扎不進去。

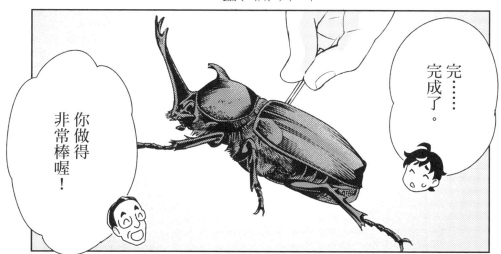

完……完成了。

你做得非常棒喔！

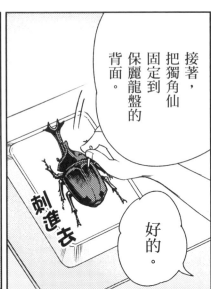

接著，把獨角仙固定到保麗龍盤的背面。

刺進去

好的。

幫獨角仙擺出帥氣的姿勢吧。

固定好後，再使用標本針，

不要介意用了多少根標本針。

頂住

往外推

好……好難啊。

青空，加油!!

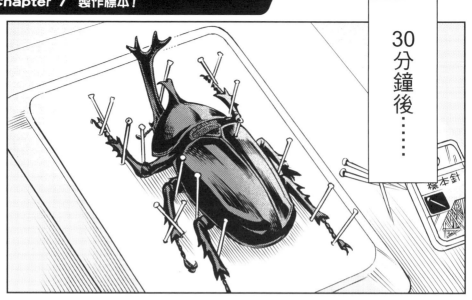

30分鐘後……

標本針

就第一次來說，
你做得很棒喔。

嘿嘿嘿。

那麼，青空
決定好獨角仙的
帥氣姿勢了。

接著就來乾燥
獨角仙吧。

先在獨角仙上
蓋上面紙。

蓋上去

171

為什麼要蓋上面紙呢？

再放到密閉容器中。

除濕矽膠

面紙

這是因為待會要用乾燥劑覆蓋整隻獨角仙，

面紙可以防止破壞難得固定好的姿勢。

那麼，放進去了喔。

這樣啊！

喀啦

沙沙

蓋緊

然後，再蓋緊容器的蓋子……

標本需要乾燥一個禮拜左右。

來吧，接著是最終階段。

好的！

除了扎進背後的標本針以外，

把其他的全部拔掉。

拔起來

！！

腳變得硬梆梆的，完全固定住了！！

完全不動

174

這表示有充分乾燥。

乾燥不充分的話，獨角仙會腐爛。

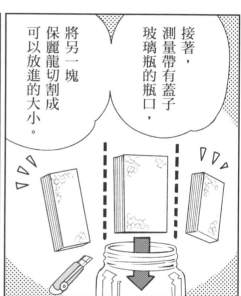

接著，測量帶有蓋子玻璃瓶的瓶口，將另一塊保麗龍切割成可以放進的大小。

把獨角仙固定到切割好的保麗龍上，

讓標本在玻璃瓶中不會亂移動。

刺進

最後貼上採集標籤。

採集標籤是什麼？

貼上去

176

標本的製作方式

為了紀念自己採集的昆蟲，
我們來學昆蟲標本的製作方式吧。

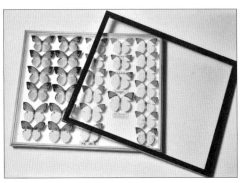

上面照片圖中的是「德式標本盒」，具有高密閉性及防蟲效果。市面上也有方便攜帶的紙製標本盒，但不利於長期保存。

自己動手做標本

當珍惜飼養的昆蟲死亡後，可以把牠做成標本，貼上採集地點、時間的標籤。這樣一來，就不會淡忘當初採集的感動。

製作標本需要的工具

作為標本製作入門篇，這邊介紹家裡就有或者可於商店購得的工具。有些工具具有危險性，請和大人一同操作。

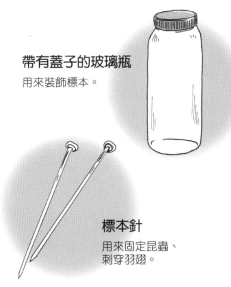

帶有蓋子的玻璃瓶
用來裝飾標本。

標本針
用來固定昆蟲、
刺穿羽翅。

酒精與棉花棒
用來拭去昆蟲身上
的髒污。

能夠密閉
的容器
用來裝入除濕矽膠,
乾燥裡頭的昆蟲。

保麗龍容器
用來刺穿、固定標本
(也可用有顏色的保麗龍)。

除濕矽膠 (乾燥劑)
用來乾燥昆蟲。

黏著於細部的髒污,
用金屬針剔除。

金屬針無法剔除的髒污,
用沾有消毒酒精的棉花棒,
輕輕磨擦去除。

標本的製作方式

拭去髒污

為了讓標本裝飾得美觀,製作前要先拭去昆蟲身上的髒污。髒污也是黴菌滋生的溫床。

調整姿勢

調整昆蟲的姿勢，帥氣地裝飾起來吧。昆蟲死去後，關節會逐漸僵硬，盡可能早點調整姿勢。

浸泡溫水

泡約30分鐘就能讓關節軟化。乾燥變硬的昆蟲，可以泡熱水來調整。

穿刺標本針

調整完姿勢後，需要穿刺標本針來固定昆蟲，以免姿勢改變。

刺穿位置

獨角仙等身體厚實的昆蟲，刺穿中央些微偏右的位置。邊旋轉邊插入，標本針會比較好扎進去。

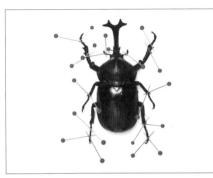

標本會隨著時間經過，恢復最初硬化的姿勢，因此需要使用多一點標本針來固定。

確實固定腳、爪

用標本針固定昆蟲的腳、爪。

標本的製作方式

乾燥昆蟲

確實乾燥昆蟲，以免標本發霉、腐爛。這是標本製作中最重要的作業。

確實擦去水分後，將昆蟲和除濕矽膠置於密閉容器中，乾燥一個禮拜。

課外教學！

海野老師

標本盒中的昆蟲們

世界各地存在著日本看不到的大型獨角仙、鍬形蟲，犄角的形狀、大小也各有不同。活著時的姿態已經很有魅力了，製成標本後依然魄力十足。

具有世界最長犄角的長戟大兜蟲（最左排的正中間）等等，有著許多日本境內看不到的獨角仙。

可以看到不同於日本鍬形蟲、體長超過10公分大型鍬形蟲的標本。

正式標本的製作方式

想要製作研究用標本，需要更正式的作法。這邊介紹的方法包含了危險的藥劑、困難的作業，建議請教熟悉標本製作的大人，並與大人一同作業。

使用有毒液體（乙酸乙酯）

自然死亡的昆蟲會逐漸褪色，所以可用另外一種方法製作標本，在瓶中放入沾濕有毒液體（乙酸乙酯）的脫脂棉來殺死昆蟲。這樣就能保存跟存活時相同的鮮明體色。

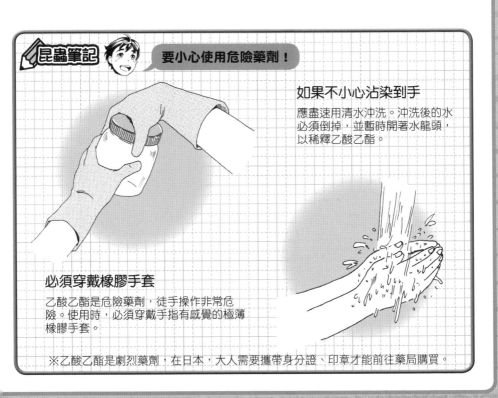

昆蟲筆記　　要小心使用危險藥劑！

如果不小心沾染到手

應盡速用清水沖洗。沖洗後的水必須倒掉，並暫時開著水龍頭，以稀釋乙酸乙酯。

必須穿戴橡膠手套

乙酸乙酯是危險藥劑，徒手操作非常危險。使用時，必須穿戴手指有感覺的極薄橡膠手套。

※乙酸乙酯是劇烈藥劑，在日本，大人需要攜帶身分證、印章才能前往藥局購買。

去除油脂

黃褐色的昆蟲變成深褐色時，昆蟲身上分泌出來的油脂，會讓標本的顏色變差。用丙酮（或者美甲去光水等）浸泡2、3天，再用熱水滾煮就能去除昆蟲身上的油脂，防止標本顏色劣化。

浸泡丙酮

熱水滾煮

※丙酮是劇毒藥劑，在日本，大人需要攜帶身分證、印章才能前往藥局購買。

課外教學！

海野老師

困難的標本製作

蝗蟲、蝴蝶等身體柔軟的昆蟲，比獨角仙更難做成漂亮的標本。這邊稍微說明一下蝗蟲的標本製作吧。

①

用刀片剖開腹部。

②

用小鑷子清理內臟。

③

塞入沾溼酒精等的脫脂棉花。

④

最後，扎進標本針調整姿勢。

修復標本

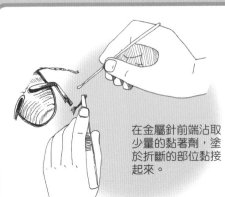

這節來講解遇到製作標本失敗，或者標本壞掉時的修復方法。基本上，我們會塗上木工用黏著劑、護甲油（保護指甲的藥品）來進行修復。

在金屬針前端沾取少量的黏著劑，塗於折斷的部位黏接起來。

木工用黏著劑為水溶性，不小心失手也能用水溶解重新再來。

黏著劑

課外教學！

海野老師

標本盒中的昆蟲們 2

世界各地存在著日本見不到、色彩繽紛的美麗蝴蝶。捕捉這些蝴蝶製成標本，是全世界昆蟲愛好家的夢想。未來，你也可以試著挑戰看看。

棲息於中、南美洲的閃蝶標本，堪稱世界最美麗的蝴蝶。

同樣棲息於中南美洲的綃眼蝶，長有美麗的透明翅膀。

Chapter 8

採集昆蟲真有趣！

這是柑橘鳳蝶。

翅膀上的黑色線條很清楚……

柑橘鳳蝶

黃鳳蝶

不會跟柑橘鳳蝶搞混。

長得很像的黃鳳蝶，黑色線條沒有延伸到羽翅根部。

還好啦——

嘿嘿！

湖海也變得很了解昆蟲了耶——

青空也是啊，捕蟲網的用法變熟練了，

差不多可以從竹竿捕蟲網畢業了吧？

我還差得很遠。

拿起

現在還是沒辦法捉到蜻蜓……

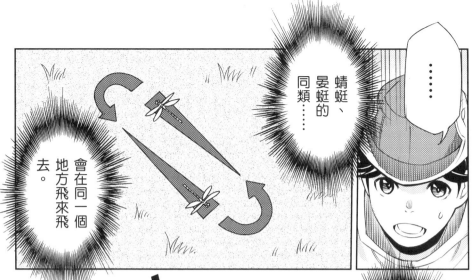

蜻蜓、晏蜓的同類⋯⋯

⋯⋯

會在同一個地方飛來飛去。

即便不小心失敗，後面還有很多機會。

加油！

放鬆心情來捉吧。

掉頭！

咻——

會追不上快速飛行的晏蜓。

靠我現在揮網的速度，

掉頭！

咻——

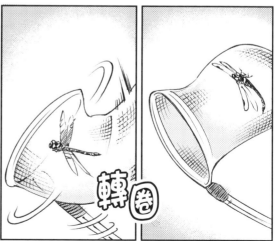

青空哥哥！！

青空好厲害！

我還不熟練網子的擰轉吧。

轉動

轉動

但是，還是讓牠給跑了

……

……

你在說什麼啊！

3個月前，你可是連讓無霸鉤蜓進網都做不到喔！！

說……

說的也是！！

嘿——你已經能讓晏蜓進網了啊？

嗯！多虧老師的教導！！

遇到你們才過了3個月而已，

大家都進步這麼多了。

老師還帶我們去捉獨角仙！！

老師給我們看了柑橘鳳蝶的成長過程！

老師教了我怎麼用捕蟲網！

對啊！

之前還有製作帥氣的標本嘛

你們還只是稍微體會到昆蟲有趣的地方而已。

接著可以透過昆蟲，在不勉強自己的程度，

慢慢觀察生命的可貴以及奧妙。

嗯！

昆蟲，真的很有趣，也很深奧！！

日本常見昆蟲資料一覽

這邊擷取本書中提到的昆蟲，詳細介紹牠們的棲息地、大小、成蟲活動時期等等，供大家在昆蟲採集時翻閱參考！

昆蟲資料的閱讀方式

名稱

採集難易度

基本資料

由左而右分別記載昆蟲在日本的出沒地點、大小（統合雄蟲、雌蟲的體長）、成蟲活動的大致時期。

介紹昆蟲的說明文

金龜子	採集難易度 ★★★
本州～九州	23～32毫米	6～9月

於雜樹林、果園等活動的中型甲蟲。擅於飛行，有時會飛到住宅區。在雜樹林附近，吊掛裝有腐爛水果的網袋，金龜子就會聚集起來，非常容易採集。

昆蟲的照片

關於地名

北海道、本州、四國、九州到琉球群島等，大致列出昆蟲活動的場所。日本各地區請參考下方的地圖。

北海道

本州

九州

四國

琉球群島

沖繩

鳳蝶（柑橘鳳蝶）	採集難易度 ★★☆
北海道～琉球群島	65～90毫米	4～10月

可於花壇、河邊草地等發現的大型蝴蝶。個體分為春型與夏型，兩種的大小、顏色不同。在種植橘子等柑橘類樹木的場所，會有許多鳳蝶飛舞，容易採集。

大螳螂	採集難易度 ★★★
北海道～九州	68～95毫米	8～11月

於田地、河川地等活動的大型螳螂。躲藏於樹木高處、花朵陰影，伺機襲擊獵物，喜愛捕食蝗蟲、蝴蝶。想要伸手觸摸時，牠們會張開羽翅進行威嚇。

虎頭蜂

採集難易度 —

| 北海道～九州 | 28～40毫米 | 5～11月 |

可於雜樹林等發現世界最大的有毒蜜蜂。在採集獨角仙等昆蟲時，有時可於樹汁附近發現虎頭蜂的蹤影，極具攻擊性且被螫傷後可能致死，切勿採集。一旦發現虎頭蜂，請儘速離開現場。

大紫蛺蝶

採集難易度 ★★☆

| 北海道～九州 | 75～100毫米 | 6～8月 |

可於雜樹林的樹汁等發現的大型蝴蝶。非常大隻的美麗蝴蝶，被譽為日本的國蝶。數量極為稀少，除了在已確認群生的處所，幾乎看不見牠們蹤影。

無霸鉤蜓

採集難易度 ★★★

| 北海道～琉球群島 | 81～107毫米 | 4～11月 |

在河邊草地、林間道路等出沒的大型晏蜓。飛行速度極快，連大人也難以補獲。休息的時候停在石頭上、垂吊於樹枝，不好使用網子捕捉，是適合上級者挑戰的昆蟲。

長額負蝗

採集難易度 ★☆☆

| 北海道～琉球群島 | 18～35毫米 | 8～11月 |

可於草地等發現的小型蝗蟲。背負雄蟲的個體移動非常緩慢，連孩童都能簡單採集。喜愛青紫蘇、水草的布袋蓮，會群聚於這些植物附近。

金龜子

採集難易度 ★☆☆

| 本州～九州 | 23～32毫米 | 6～9月 |

於雜樹林、果園等活動的中型甲蟲。擅於飛行，有時會飛到住宅區。在雜樹林附近，吊掛裝有腐爛水果的網袋，金龜子就會聚集起來，非常容易採集。

獨角仙

採集難易度 ★★☆

| 北海道～九州、沖繩 | 27～75毫米 | 6～9月 |

於雜樹林、果園活動的大型昆蟲。8月上旬個體數大增，有時會出現超過8公分的特大獨角仙。獨角仙具有趨光的習性，在雜樹林附近的戶外路燈採集效率較高。

鋸鍬形蟲

採集難易度 ★★★
北海道～琉球群島	24～75毫米	7～8月

如牛角般彎曲的大鉗顎，個體多為美麗的紅黑色，具有相當的人氣。7月中旬左右，個體數量大增加，建議在這個時期採集。白天多潛藏於樹枝的陰影處。

劍黛眼蝶

採集難易度 ★★★
本州～九州	50～60毫米	5～10月

翅膀上具有數個如「蛇眼」般的斑紋。在採集獨角仙等昆蟲時，可於樹汁附近發現成群的劍黛眼蝶。牠們大多緩慢飛舞於雜樹林中，能夠輕易採集。

深山鍬形蟲

採集難易度 ★★★
本州～九州	25～79毫米	7～8月

不耐熱、喜愛陰涼場所的大型鍬形蟲。許多深山鍬形蟲也在白天活動，體色為近似樹皮帶白色的灰褐色。依照棲息地的海拔高度，鉗顎的形狀有所不同。

紋白蝶

採集難易度 ★★★
北海道～琉球群島	45～50毫米	3～11月

可於高麗菜田、油菜田發現的中型蝴蝶。紋白蝶大多緩慢飛舞於花田等處，能夠簡單採集。在都市公園中也有許多個體棲息，適合用來練習揮舞捕蟲網。

藪螽

採集難易度 ★★★
本州～九州	25～42毫米	6～8月

幼蟲時期會待在蒲公英上食用花粉，隨著成長轉為肉食性，開始捕食其他昆蟲。性情兇暴，採集時需要十分注意。藪螽棲息於樹上，不容易發現。

大紅斑出尾蟲

採集難易度 ★★★
北海道～九州	7～14毫米	5～9月

於雜樹林中的麻櫟等滲出的樹汁附近，會數隻聚集在一塊活動。在採集獨角仙、鍬形蟲時，能夠發現牠們的蹤影。背部具有四塊橘紅色的星斑，可用獨角仙的飼養方式來養育。

小鍬形蟲

採集難易度 ★★★

| 北海道～琉球群島 | 18～54毫米 | 5～8月 |

可於雜樹林的樹汁等發現的中型甲蟲。雖然稱為小鍬形蟲，但存在超過50毫米的大型個體。成蟲能夠存活1年以上，在冬天可以觀察牠們的越冬情形。也可於樹木縫隙採集。

白尾灰蜓

採集難易度 ★★★

| 北海道～琉球群島 | 48～56毫米 | 4～10月 |

於水田或者池塘、河水等水邊等活動的大型蜻蜓。在都市公園的水邊也有許多個體棲息，經常可以看見牠們的蹤影。飛行路徑大致固定，仔細觀察記住路徑後，就能夠捕捉到。

中華劍角蝗

採集難易度 ★★★

| 本州～琉球群島 | 40～77毫米 | 8～11月 |

日本最大的蝗蟲。雌蟲移動緩慢容易採集，但雄蟲動作敏捷，發現有人接近時，會發出「唧唧」的響聲逃走。9月左右，草地各處能夠聽聞中華劍角蝗飛舞的聲響。

白條天牛

採集難易度 ★★★

| 本州～九州、奄美大島 | 40～55毫米 | 6～8月 |

在6月中旬的雜樹林，可發現啃食殼斗科樹木的雌蟲。正在樹木產卵的個體容易捕捉，但牠們下顎的力量強大，小心注意別被咬傷。

瓢蟲

採集難易度 ★★★

| 北海道～琉球群島 | 5～8毫米 | 4～11月 |

整年皆可發現蹤影的小型甲蟲，在4～11月時特別活躍。成蟲、幼蟲皆為肉食性，喜愛捕食蚜蟲，容易在蚜蟲聚集的樹木上採集。

飛蝗

採集難易度 ★★★

| 北海道～琉球群島 | 35～55毫米 | 7～11月 |

可於草地等乾燥場所發現的大型蝗蟲。牠們的警戒心強，稍微有點聲響就會逃跑飛走。在蝗蟲當中屬於難以捕捉的物種，跟無霸鉤蜓同樣是適合上級者捕捉的昆蟲。

讀完這本書後，有沒有對昆蟲產生興趣呢？重要的是，對任何事物產生興趣，試著喜歡，接著嘗試去做。

昆蟲有各種觀察的方式，一開始可先到戶外觀察野生的昆蟲姿態，多樣性豐富的昆蟲擁有各種不同的姿態。獨角仙為什麼長有犄角？雌獨角仙為什麼沒有犄角嗎？在什麼情況下會使用犄角？試著找尋這些問題的答案，也不失為一種樂趣。一整天觀察聚集到樹汁的昆蟲生態，也能夠作為自由研究的主題。

如果這本書激起你對昆蟲的興趣，不妨試著進一步翻閱圖鑑，調查捕捉到、拍攝到的昆蟲名稱吧。調查看看居家附近有多少種昆蟲存在，你會意外發現即便身處市中心，身邊附近依然有著許多種昆蟲棲息。趁著暑假到鄉下遊玩的人，會發現棲息於都市和鄉下的昆蟲非常不一樣。現在許多相機具有近拍功能，能夠簡單地拍攝昆蟲的特寫，運用相片來寫昆蟲日記，也會非常有意思。如果這本書能夠成為昆蟲少年、昆蟲少女誕生的契機，會讓我覺得非常高興。

二〇一六年六月　海野和男

監修 ◆ 海野和男

1947年生於日本東京，主要拍攝昆蟲的自然攝影師。自懂事以來就為昆蟲的魅力著迷，少年時代更是整日埋首於蝴蝶的採集、觀察。著作《昆蟲的擬態》（平凡社）榮獲1994年日本攝影協會年度獎。近期日文作品有《海野和男傳授數位相機的昆蟲拍攝技巧 增補改訂版》、《大自然的偽裝、昆蟲的擬態：生物進化產生的驚人姿態》（誠文堂新光社）《350系列 第一次的生物繪本》系列（白楊社）等多項著作。

原作 ◆ 藤見泰高

日本岐阜縣出身。以昆蟲為中心題材的漫畫家、原作家，主要執筆青年向漫畫。代表作有《蟲蟲危機－稻穗昆蟲檔案》（漫畫：上村晉作／台灣東販）等等。

作畫 ◆ 坂本幸

漫畫家。師事東本昌平老師學習漫畫技巧。2008年，以《影鬼》在「FlexComix Blood」漫畫網站上出道。代表作有《漫畫版世界傳記③南丁格爾》、《漫畫版世界傳記⑯法布爾》、《漫畫版世界傳記㉒圓谷英二》（白楊社）等等。

參考文獻

●「虫の飼いかた・観察のしかた」シリーズ（文・写真 海野和男　筒井 学／偕成社）

　　1『虫さがし』

　　2『虫を採る・虫を飼う・標本をつくる』

　　3『近所の虫の飼いかた(1)〜アゲハ・アリ・テントウムシほか〜』

　　4『近所の虫の飼いかた(2)〜スズムシ・バッタ・カマキリほか〜』

　　5『雑木林の虫の飼いかた〜カブトムシ・クワガタ・オオムラサキほか〜』

　　6『水辺の虫の飼いかた〜ゲンゴロウ・タガメ・ヤゴほか〜』

●ポプラディア大図鑑 WONDA『昆虫』(監修 寺山 守／ポプラ社)

國家圖書館出版品預行編目(CIP)資料

昆蟲教室 / 藤見泰高原作；海野和男監
　修；衛宮紘譯. -- 初版. -- 新北市：世茂，
　2019.02
　　面；　公分. -- (科學視界；230)
　ISBN 978-957-8799-60-8(平裝)

　1.昆蟲 2.通俗作品

387.7　　　　　　　　　　　　107020343

科學視界 230

昆蟲教室

| 監　　修 / 海野和男 |
| 原　　作 / 藤見泰高 |
| 作　　畫 / 坂本幸 |
| 譯　　者 / 衛宮紘 |
| 主　　編 / 陳文君 |
| 責任編輯 / 曾沛琳 |
| 出 版 者 / 世茂出版有限公司 |
| 地　　址 / (231)新北市新店區民生路19號5樓 |
| 電　　話 / (02)2218-3277 |
| 傳　　真 / (02)2218-3239（訂書專線）、(02)2218-7539 |
| 劃撥帳號 / 19911841 |
| 戶　　名 / 世茂出版有限公司 |
| 世茂官網 / www.coolbooks.com.tw |
| 排版製版 / 辰皓國際出版製作有限公司 |
| 印　　刷 / 世和彩色印刷股份有限公司 |
| 初版一刷 / 2019年2月 |

Ｉ Ｓ Ｂ Ｎ / 978-957-8799-60-8
定　　價 / 300元

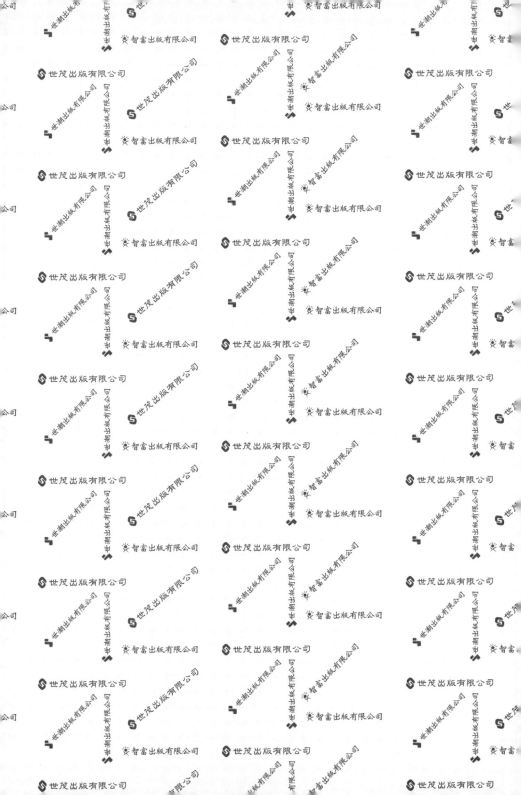